新农村新农业

精品园艺栽培 100 个为什么

郭 敏 编著

中国出版集团
现代出版社

图书在版编目（CIP）数据

精品园艺栽培100个为什么 / 郭敏编著 . — 北京：现代出版社，2019.9

ISBN 978-7-5143-8153-5

Ⅰ．①精… Ⅱ．①郭… Ⅲ．①园艺作物—栽培技术 Ⅳ．①S6

中国版本图书馆CIP数据核字（2019）第195996号

精品园艺栽培100个为什么

主　　编　郭　敏
责任编辑　陈秀香
出版发行　现代出版社
地　　址　北京市安定门外安华里504号
邮政编码　100011
电　　话　010-64267325　64245264（传真）
网　　址　www.1980xd.com
电子邮箱　xiandai@vip.sina.com
印　　刷　三河市宏盛印务有限公司
开　　本　787mm×1092mm　1/16
印　　张　10
版　　次　2019年9月第1版　2020年11月第2次印刷
书　　号　ISBN 978-7-5143-8153-5
定　　价　20.00元

前　言

中国自古以来就是一个注重农业的国家，在中国人的心中，农业是一切生产的首要条件，如果没有了衣食之源，就没有了生存之本。为了填饱肚子，世世代代的人们在广袤的土地上辛苦耕种，勤劳耕作。

汉代张骞从西域地区带来了种子和较为成熟的种植技术，丰富了我国的园艺植物的资源，也为后来海陆交流打通了渠道。到了唐代，中国的农业发展已经达到了世界领先水平，当时中国出现了很多颇有造诣的理论著作，至今仍具有重要的参考价值。农业是中国人传承了千年不断的血脉，五千年的文明铸就了灿烂的农业文化。农业是立国之本，是强国之基，中国是农业大国，正朝着农业强国的方向发展。

进入新时代，进入了新的历史起点。随着经济的转型和社会的发展，我们面临的历史任务更加艰巨，遇到的挑战也越来越多。加快社会主义新农村建设，全体社会成员需要尊敬农业、重视农业，助力新农业、新农村的发展。实践证明，只有走社会主义新农村的道路，才能实现农业现代化的历史征程，才能全面建成小康社会，最终实现中华民族的伟大复兴。

目前我国的农业正在朝现代化稳步前进，设施园艺业发展迅猛，在繁荣农村经济方面起到了引领作用。但是在实际的生产过程中，依然存在很多衍生问题，如滥用化肥农药、土壤盐碱化严重、病虫害泛滥等。这些问题都威胁着作物的安全，影响农民的收成，很大程度上制约了园艺生产和农业现代化的进一步发展。

业界同人们一直在致力解决上述问题，他们将科技设施引入农业中来，试图利用科技的力量解决农业当中的现存问题。事实证明，只要遵循大自然的规律，适应自然，保护自然，很多问题都可以迎刃而解。比如面对土地盐碱化，农民可以采用土壤改良剂改善其中所含成分，也可以施加肥料增加土壤中的微量元素。从古代到今天，农业所利用的设备从耒耜耙犁，发展到播种机、收割机，以及除湿机、电热温床，一次次的更新，一次次的换代，从历史的角度来看，中国的农业在坚持社会主义道路的前提下，一定会焕发新的生机和辉煌。

“小康不小康，关键靠老乡”，实现农业现代化，最主要的是依靠农民的力量。农民富有，国家才会强盛。习近平总书记一直强调“中国要富，农民必须富”，要想让农民富，就必须让农业转型。农民不仅要有深厚的农业情怀，还需要具备过硬的知识技能和实操能力，更要拥有高瞻远瞩的市场敏感度,因此新时代的农业给农民提出了更大的挑战。

为了解决农民的困惑，编者立足于新时代的历史起点，为读者带来《精品园艺栽培 100 个为什么》。本书的整体框架以园艺栽培为主体，以园艺栽培常见的植物为出发点，以读者的收获为落脚点，从六个角度介绍了园艺栽培的方方面面，它们分别是“走进园艺世界”“果树栽培技术”“园林花卉栽培技术”“多肉植物栽培”“蔬菜栽培技术”“食用菌栽培”。

本书每节用设问句引出主题，承上启下，针对读者在园艺栽培方面的普遍问题答疑解惑。语言风格通俗易懂，力图以简单平易的方式解决农业生产过程中遇到的新问题，每一个主题的选取都来源于生活，贴近生活，文章内容轻快，言简意赅，非常适合农民朋友们以及对农业感兴趣的人品读。农业管理最重要的不是学习理论，而是要把理论和实践联系起来，本书的理论部分浅显易学，容易和实践结合，突出了理论联系实际的特点，便于新手学习和操作。

2019年的中央一号文件，依旧聚焦“三农”问题，这是自2004年以来，我国政府16次聚焦“三农”问题。农业既是国家的重要问题，也是人民的重要问题，农民只有认识国家政策，了解市场发展的前景，掌握良好的知识和技能，顺应时代潮流，才能迎头赶上，成为农业的先锋者。农民发家致富，靠的是融会贯通的知识储备、勇于钻研的坚韧毅力和审时度势的敏感精准，三者缺一不可。本书在内容的处理方面考虑了这一点，尤其是在“食用菌栽培”这一章中，我们为读者介绍了各个菌种的经济价值，以供参考。

农业的转型需要很多方面的努力，如我们要大力培育特色农业，调整农业结构，推动农业转型升级，同时还要注重挖掘农业的新潜力……新时代的号角已经吹响，为了全面建成小康社会，为了实现现代化农业、集约型农业，我们还需要不断努力。在努力的过程中，我们一定要认清农业的本质——人与自然和谐相处，万万不能因为贪婪地索取而破坏大自然原本的状态。在未来的农业发展过程中，尊重自然、顺应自然、保护自然仍是不变的主旋律。绿色农业，健康农业，需要我们共同努力，而农民正是引路人。学习农业知识，永不止步。

目　录

第五章　蔬菜栽培技术 / 097

第六章　食用菌栽培 / 115

第一章
走进园艺世界

早在古代，中国的园艺就已经发展到了世界先进水平。随着社会的发展，设施园艺走进了我们的视野，种种园艺栽培技术及设施不仅丰富了我们的生活，还向我们展现了园艺广阔的发展前景。

园艺植物是如何分类的？

园艺是园地栽培的简称，主要涉及果树、蔬菜和观赏植物等的栽培、培育过程。我国的园艺历史悠久，最早起源于河姆渡时期，在距今7000年前的新石器时代，我国就已经出现了种植蔬菜的农具，比欧美国家要早800年左右。在汉朝张骞出使西域后，我国出现了新的园艺植物中的一些品种，如葡萄、芹菜、西瓜、无花果等，同时也为丝绸之路沿线地区带去了一些其他的植物品种，如杏、白菜、萝卜、芥菜等。在这一时期，我国的园艺植物得到了极大丰富，我国的园艺技艺也提早进入了当时世界的领先水平。园艺植物包含很多种类，是一个覆盖范围较广的概念。基本有以下三种分类方式：

按照生物学特征分类

按照生物学特征来分类，主要有木本园林植物、草本园林植物、水生园林植物和多浆、多肉园林植物。木本园林植物还可以分为灌木类、乔木类、藤本类，灌木类有牡丹、月季等，乔木类有白玉兰、广玉兰等，藤本类有爬山虎、紫藤等。草本园林植物可以分为一年生、两年生、多年生、宿根类、球根类等。一年生草本植物有鸡冠花、万寿菊等，两年生草本植物有虞美人、石竹等，多年生草本植物有芍药、君子兰等，宿根类植物有万年青、菊花等，球根类植物有水仙、郁金香等。水生园林植物主要有荷花、睡莲等。多浆、多肉类植物有仙人掌、芦荟、石莲花等。

按照观赏部位分类

按照观赏部位可以分为观花花卉、观叶花卉、观茎花卉、观果花卉、观根花卉。观花花卉主要是以欣赏美丽的花朵为主，主要品种有月季、郁金香、非洲菊等。观叶花卉主要是欣赏叶片，主要品种有苏铁、万年青等。观茎花卉以欣赏茎为主，主要品种有仙人掌、文竹等。观果花卉是以欣赏果实为主，如金橘、佛手等。观根花卉主要欣赏根的奇特造型，如龟背竹和其他的根榕盆景。

按照栽培方式分类

按照栽培方式可分为切花栽培、花盆栽培、露地栽培、促成栽培、抑制栽培、无土栽培。切花栽培是目前规模较大的生产部分。花盆栽培在南北方的表现有些微差异，北方在冬天以温室栽培为主，而南方主要是以遮阳栽培为主。无土栽培是现代化温室规模生产的主要表现，是利用营养液等其他基质来代替土壤的新型栽培方式。

园艺植物生长的规律有哪些?

不同的园艺植物在生长过程中会呈现出不同的特点。即使是同一个品种，在生长过程中也会体现出不同特点。在园艺栽培时，我们应该把握植物生长的普遍性和特殊性，在种植过程中兼顾两者，这样植株才能更好地生长。因此，在前期准备过程中我们需要认清植株生长的特点，对它们的生长规律有一定了解。

园林植物的生命周期

园林植物的生命周期是指植株从幼时开始，生长到青年、成年，最终步入老年，直到死亡的全过程。不过，品种不同，植物的生命阶段也会呈现出略微的差异。总体来说，植物的生命周期都躲不过生老病死的自然规律。

对于木本植物来说，它们的生命周期可以分为胚胎期、幼年期、青年期、壮年期、衰老期。而对于一年生、两年生的草本植物来说，它们的生命阶段只有四个，分别为胚胎期、幼苗期、开花期、衰老期。开花期一般会维持 1 ~ 2 个月，比起木本植物来说，草本植物的生命周期较短。

园林植物器官的发育特点

根系是园林植物的生命之源，没有根系，植物无法生长发育。一般来说，植物的根系分为主根、侧根和不定根，主根的力量会更大一些，能够吸收更多的养分。按照根系的生长方式，又可以将根系分为水平根系和垂直根系，水平根系沿着地面水平生长，垂直根系则是垂直地面生长，而根系的发育其实也有规律可循。要想让植物生长得好，就需要为根系营造一个良好的环境。对于芽枝而言，种类也分为主干、中心干、主芽、侧芽等。其生长方式包括直立式、攀缘式、匍匐式。

影响根茎生长发育的因素

根系是植物营养的传输机构，一个植物的健康生长不仅取决于根系，还取决于根系所处的环境。影响根系生长的因素有土壤中的营养成分、土壤湿度、土壤温度、土壤是否通气和植物本身所含的有机成分。影响枝芽新梢的因素有外界环境因素、母株的营养状况、砧木的选取等。

为什么要对园艺植物的环境进行调控?

对于园艺种植来说，传统的栽培方式具有一定的局限性。在这种情况下，就需要借助设施进行园艺栽培。对园艺植物的环境调控，目的是给植物营造良好的生长环境，使植物长势更好。

环境调控之温度

温度是植物生长的一个关键因素。不同的园艺植物对温度的要求不同，一般可分为耐高温型植物、喜温型植物、半耐寒型植物、耐寒型植物和耐寒型多年生植物五类。温度不仅可以影响种子的生长，还会影响花芽的分化和之后的开花结果。因此，保持适宜的温度对植物生长至关重要。比如夜晚温度降低，而植物需要一定的温度，这时候就得利用设施进行保温。常见的保温设备有棉被和稻草。常见的增温方式有烟道加温、热水加热、辐射加热等。常见的降温方法有细雾排风降温、屋顶喷雾降温等。

环境调控之光照

日照是植物生长中的一个决定性因素，适宜的光照有利于植物的光合作用，为植物的生长提供良好的保证。依据植物的喜光程度，可以将它们分为阳生植物、中生植物和阴生植物。目前人们对光照这一因素的调节主要是通过控制光照时间和光照强度。提高光照强度，就需要提高透光率，也就意味着需要减少避光物，采用透光率较高的有色薄膜，有条件的可以安装白炽灯、荧光灯等光源，同时可利用反光设备，增加光照强度，改善光的分布。如果想遮光，那么就需要减少光照强度，或者减少光照时间，可以在温室设施外部增加黑色遮阳网或黑色塑料薄膜，阻止阳光直射。

环境调控之湿度

园艺植物的湿度包括空气湿度和土壤湿度。不同的植物对湿度有不同的要求，对于那些喜欢湿润空气的作物，我们可以利用加湿的方式为它们提供适宜的温度。常用的方法有喷雾加湿、湿帘加湿。如果要减少空气湿度，可以采用除湿机除湿、通风换气、热泵除湿等方法。对于土壤湿度而言，减少或增加湿度需要控制浇灌量，可采用滴灌的方式，这样不仅节水而且有利于保持土壤适宜的湿度。

在选择园地时应注意些什么？

园地的选择涉及很多因素，这是一个非常综合的问题。在园地选择的准备前期，需要考虑各种影响因子，只有经过了慎重充分的考虑，才能在后期省下时间和精力，为作物的生长创造良好的环境。

园地建设的自然条件

园地建设的自然条件包括地形、土壤、水源、肥料等。地形一定要根据作物的属性去选择，如果是普通的作物，要尽量选择平坦开阔的地形，同时要兼顾海拔、坡度、排水是否方便等。说到土壤条件，就需要考虑土壤的类型、土层结构、酸碱度、透气排水等要素。如果选中的土地中氮磷钾等含量较少，那么可以考虑增加土层的营养物质，或者另换一片土地。

水源问题可以同化为河流问题，如果附近有较为充足的水源，那么是可以考虑的，如果该地降水适宜，同样可以选择。总之，水源是一个非常关键的因素，无论是年降水量，还是降水分布情况、河流情况，都一定要提前考虑。肥料的选择要根据此地的状况来具体考虑，不仅要考察肥料的来源、位置，还需要考虑肥料的种类、数量和供应情况。

园地建设的社会经济条件

我们的植物最终要走上市场，因此在前期一定要考虑市场因素。首先，我们要考虑市场的需求是什么，自己种植的是否符合市场规律，能否卖得出去。其次，需要考察园地的交通状况是否方便，当地所能承载的交通方式又是如何的。如果交通运输是一个非常大的问题，那么园地的可行性就有待商榷。最后，还需要考虑园地的经济问题，需要多少劳动力，需要多少设施设备，当地的经济状况如何，生产力如何。只有充分考虑好经济角度的问题，才能减少未来不必要的风险。

园地建设的其他条件

除了上述提到的因素，我们还需要考虑园地有没有发生过植物病虫害以及什么类型,在今后的管理中可以有针对性地避免病虫害的危险。同时，还应注意附近有没有发生污染，如果发生过污染事件，一定要查清污染源，避免今后再次发生这类事件。综上所述，选择园地依然有很多需要注意的地方，因此，一定要谨慎小心，将各种影响因素都进行全面考虑。

如何合理地进行园地规划？

在选择好园地之后，接下来要做的就是对园地进行合理规划和设计了。园地的规划和设计是决定园地能否在将来合理利用的关键一环，如果园地可以布置得井井有条，那么未来的工作也会轻松许多。如何根据园地的性质进行恰当规划，这非常考验我们对农业整个行业的把握。园地的合理规划需要考虑土地、各区域、防护林、道路、排灌系统、建筑物、水土保持等，是一个涉及范围较广的活动。

园地的土地区域规划

对于土地来说，一定要做到充分利用，避免非生产用地的出现，保证每一寸土地都能够生长出产物来，最终达到理想的经济效益。要想做到地尽其用，就必须对土地进行合理布局。通过对地形、土壤状况、园地平面图等因素进行分析，合理布置果园、菜园、花园的分布范围。通过实地考察、大量讨论，对土地各区域应种植什么农作物作出明确的规划和合理的理由。

园地对其他区域的规划

在防护林区域方面，我们一定要选择适应力强、枝繁叶茂的树种，它们要具有一定的抗风能力和抗逆性，对其他园艺植物形成不了威胁，也没有共同的病虫害。在规划道路时，需要注意与菜园、果园、防护林区域等统筹规划，道路规划应遵循一定的原则：道路要通畅、便于交通工具行驶，尽量少占用耕地，尽量与田间渠系保持平行，减少道路建设的支出。设计排灌系统时，要注意节水问题和线路问题，可选择明沟排水和暗沟排水两种方式。园地除了系统的区域外，还应配置一些建筑物，如工具室、财务室、库房等。这些建筑应设计在交通方便的空旷之地。

园地规划的注意事项

在各区域都规划好之后，就需要对区域所种植的物种进行选择。园艺植物品种选择的依据有以下几个方面，一是要符合市场需求，二是要采用优质的品种，三是要适应当地的气候环境。在种植时，要考虑市场需求来确定种植的规模。注意各区域分配的比例，合理搭配，科学轮作。

为什么要进行土壤改良?

土壤改良是一门改善土壤环境的交叉性技术措施，需要运用土壤学、生物学、化学等知识综合处理。它的主要目的就是通过外界手段来解决土壤退化、肥力降低等问题，从而恢复土壤原本的生机和活力，最终为园艺植物生长提供良好的土壤环境。

土壤改良的原因

在长期的农业生产中，农民为了减少病虫害对作物的影响，过量施加化肥，土壤在不经意间吸收了很多化学肥料，导致了板结、盐渍化、酸化等一系列现象。健康、富有生命力的土地变得伤痕累累，加之作物生长也需要从土壤中吸收养分，过量的栽培使土地无法承受其负担。一旦土地出现危机，上面生长的植物就更易受到病虫害的攻击，这时农民就会选择毒性更强的化肥，长此以往，形成恶性循环。有的土地终年寸草不生，就是因为土壤已经退化，无法供植物生存繁殖。为了改变上述状况，我们需要对土壤进行改良。

土壤改良的分类

改良土壤的方法多种多样，但整体来看，可分为：土壤耕作改良、土壤化学改良、土壤工程改良、土壤水利改良、土壤生物改良。土壤耕作改良，就是利用耕作的方式来改善土壤，常用的方法有：利用深耕犁挖出深层有营养的土、改变栽培方式，整地作畦、适当轮作、在土地上施加化肥等。土壤化学改良是利用化学制剂调节土壤酸碱度，从而改善土质。一般采用石灰施加在酸性土壤上，或者施加钙镁磷肥来有效抑制金属活性。土壤水利改良，是通过对水源的控制来改善土壤水分。常见的方法有建设排灌工程。

常见的土壤改良剂

一般情况下，土壤都是有自净能力的，一旦土壤当中的有害物质超过了其自净能力的范围，那么土壤就会“生病”。使用土壤改良剂可使土壤自发进行生物调节，增加土壤中的活性物质和微量元素，改善土壤酸碱度，最终使土壤恢复最初的生命力。常见的土壤改良剂有石灰、珍珠岩、木质素、蛭石、聚丙烯酸类等。

种植制度是如何确定的?

种植制度也叫栽培制度，是指依据一个地区的自然状况、经济条件所确定下来的作物布局、熟制和种植方式的统称。种植制度是耕作方式的中心，它包括作物布局，复种和间、混、套作，轮作与连作三个部分。要想保持农业稳步发展，必须大力改革耕作制度，而耕作制度改革的核心就是种植制度的改革。只有正确处理好土地和作物之间的关系，才能真正实现“手里有粮，心中不慌”。

种植制度之作物布局

作物布局是指作物种植时的种类、各自分布和面积占比，合理的作物布局可以有效地利用好较为稀缺的自然资源，不可小觑。作物布局需要考虑多方面因素。首先，作物布局需要考虑作物的适应性。有的作物喜凉，那就不能把它放在阳光曝晒的环境中；有的作物喜光，那就不能将它放置在多雨的地方。由此看来，作物对水分、光照、土壤、湿度等的要求都会影响作物布局的分配，所以一定要清楚每种作物对于生长环境的要求。除此之外，还应该考虑生产条件和农业资源这两种因素，它们也会影响作物的布局。

种植制度之复种和间、混、套作

复种、间、混、套作都为种植方式，它们在田地中的表现各不相同。复种是指在同一块田地上接连种植一茬或一茬以上的作物。间种是指在一个季节内相间种植两种或两种以上的作物。混作是指同一片土地同时混合两种及两种以上作物。套作是指在前一季作物进入生长的后期时在行间种植后一季作物的方式。利用这些方式可以达到增产的效果，其原因就在于作物的混合搭配突出了立体受光的功能，能够提高光的利用效率，同时还可以充分利用土地资源和水源，减轻病虫害，因此，这些种植方式是值得学习的。

种植制度之轮作与连作

轮作是指在不同年份的同一片土地上有顺序地更换作物种类的方式，而连作就是不管时间如何，始终在同一片土地上种植同一种作物。有的作物耐连作，有的作物不耐连作，这需要根据作物的具体特性来考虑。一般来说，我们鼓励轮作，原因是可以提高产量，种植不同的作物可以平衡利用土壤间的不同养分，不至于出现土壤退化等问题，同时可以提高土壤肥力，有效控制病虫害。因此，轮作是较为合适的种植方式。

苗圃在建设中应注意哪些要点？

苗圃是依据市场需求，培养各种优质苗木的基地，为农业种植、城市绿化提供成本低、品质好的幼苗。为了让苗圃在数量和质量上的效果更好，提高苗圃的管理模式和发展模式就非常重要。

苗圃的选择

苗圃如何选择，与园地的选择有异曲同工之妙。从地形来看，应该选择海拔较低的平坦地区，面积开阔、光照充足、排水良好的地理位置是理想的苗圃地，有一点点坡度也无妨。土壤应选择肥沃疏松、透气性较好的沙质土，这种类型的土适合大部分的作物生长。苗圃需要充足的水源，靠近河流的平坦地区也是非常好的选项。以上是从自然条件考虑，不过，社会经济条件也不能忽略，交通运输越便利的地方开发价值也越大。

实生苗的培育

所谓“实生苗”，就是种子繁殖出来的苗木，实生苗的适应能力较强，培育较为简单，易于大量繁殖，生长旺盛。但是由于实生苗的变异性很大，难以维持原本的性质，所以一般的实生苗都作为嫁接苗的砧木。

实生苗的种子需要采集，一般选用颗粒饱满、没有病虫害的纯正品种，果实中的种子需要等待果肉自然腐烂后再取出，过早取出会影响其发芽率。将果实中的种子收集到一定程度，就需要进一步加工留在下一次种植时使用。

自根苗的培育

自根苗是利用扦插、压条等方法发育而成的苗木，自根苗又叫无性繁殖苗。比起实生苗，自根苗的变异性较小，稳定性较强，结果早，而不足之处就是根系发展浅，寿命较短。自根苗的繁殖方法经常被人们用作果苗，或者砧木苗。影响自根苗的生长因素有很多，外界因素主要包括温度、光照、湿度、土壤、透气通风等。不同的品种，生根能力有所不同，可利用机械处理、加温处理或者使用生长调节剂促使生根。机械处理是指破坏插条的基部，从而加强细胞的分化；加温处理就是通过改善温度提高成活率；如果使用生长调节剂，常用的有吲哚丁酸、萘乙酸等。

大树移栽技术需要从哪些方面掌握?

所谓的大树移栽技术，是针对胸径在20厘米以上的落叶乔木或者胸径在15厘米以上的常绿乔木来说的，将它们移栽到异处就称为大树移栽。由于树木较为粗大笨重，移栽是一项非常艰巨的绿化工程，具有周期长、人力多、损耗大等特点。

移栽的前期准备

在移栽前，相关的工作人员首先要确定时间问题。一般来说，移栽的时间应该选在树木休眠期——可以定在春季生长前或者秋季落叶前。尽量避开夏季，夏季正是树木旺盛生长的时期，大幅度移栽可能会影响树木的正常发育。移栽前需要注意天气，避开大风、大雨、高温、低温等恶劣天气工作。选择符合移栽标准的树木，如没有病虫害的健康植株，同时要考虑大型起重机能否到达移栽现场等问题。

除此之外，还应该对准备移栽的树木进行修剪，剪去多余的萌生枝，保留树冠的基本骨架。对于5年之内未进行断根的树大进行断根处理。断根要提前准备，避免因时间冲突处理不到位。

移栽时的注意事项

落叶乔木或者常绿乔木的移栽可选用带土球法，土球直径小于1.3米的可用网绳包好，直径大于1.3米的，需要用木箱包装。在起苗时，应避开恶劣天气，防止根系受损。大树挖掘出来后，要迅速进行装运，防止水分流失。场地的工作人员应团结起来协力大树的移栽。起重机起吊时，应降低速度，缓慢起吊，避免树体损伤。如果发现异常情况，应及时停止起重机工作。在运输过程中，应及时为根部喷水，用篷布遮挡，避免水分过多流失。

移栽后的养护工作

移栽到异处后，树木需要一定的缓冲，这时候为了确保能够稳定生长，需要在外部对其进行支撑，可采用杉木作为支撑木，固定在树干的三分之二处。栽种后，需要一次性浇透根部，缓慢浇水，确保足够的水量。同时在树木长出新梢后施加适量氮肥，在秋梢停止生长后可适度施加磷钾肥。为了避免病虫害，可适当喷洒农药，精心养护。

花卉的容器栽培管理是怎样的？

园艺栽培中除了露天种植外，最常见的美化方式就是容器栽培。盆栽这种方式有着悠久的历史。盆栽的种类丰富，形式多样，很受人们的喜爱。虽说容器栽培只是为植物提供一个容器，但是我们都不能忽视如何挑选、如何养护这些问题。

花盆的种类

正如我们在生活中所见到的一样，花盆的种类非常多样。常见的花盆类型有素烧盆、木盆、陶瓷盆、塑料盆、彩釉缸、紫砂盆等。泥瓦盆是用泥沙和黏土混合烧制而成，表面较为粗糙，美观度较差。但是泥瓦盆价格低廉，排水透气的功能较好，因此它是很多家庭、园地栽培的首选。木盆一般用于大型的木本花卉，如苏铁、南洋杉等。紫砂盆大气华贵，非常适合培养名贵珍稀花卉或者形态优美奇特的植株以供人们欣赏。塑料盆虽然价格低廉，但是它的排水性和透气性相对较差，只能用于植株的短期生长。陶瓷盆和彩釉缸的透气性较差，对于正处在生长期的花卉来说不适宜采用容器栽培。

培养土的选择

植物生长的养分需要从土壤中获取，因此培养土的选择至关重要。一般来说，我们都会选择土质松软，透气性、排水性较好的泥土，必须保证泥土中含有较多的养分。但是实际上盆土是由多种材料组合而成的。

较好的泥土会混合园土、细沙土、腐叶土、泥炭土等。园土最好选用菜园土，搭配其他养分丰富的泥土，混合均匀。培养土在使用前最好消毒，目的是避免病虫害的威胁。消毒时可采用福尔马林浇灌，或者通过暴晒、加热、蒸汽等消毒。

换盆与上盆

换盆是指目前的容器已经满足不了花卉的生长，需要更换新容器。植物不断生长，对于空间和养分的需求也越来越大，当旧容器无法满足植物的生长需求时，就需要更换容器。换盆时可根据植株的大小选择适当的容器，避免更换过大的容器，这样不利于把控浇水的度，容易造成积水或缺水的现象。上盆是将苗床中的育苗移植进花盆中的过程，育苗从苗床进入新的环境，需要一个适应的过程，我们称之为“缓苗期”。当然，缓苗期越短越好，为了缩短缓苗期，可以带原来的土壤上盆，确保植株健康生长。

为什么要对园艺植物进行整形修剪?

园艺植物的整形是相关从业人员根据树木原本的生长特点调整不美观的地方，最终整理成优美的姿态，增加观赏价值。园艺植物的修剪是指将植物的某一个不健全的器官或者发育不完全的地方截去，使其复壮。目前，园艺师这一职业在全国甚至全世界范围内都具有较好的前景。

整形修剪的作用

对园艺植物进行整形修剪，可以有效控制衰老枝条的数量，那些枝条有可能会影响整个植株的健康条件，因此，及时去除可以使植株吸收更多的养分，长势更好。修剪枝条可以改善其生长方向，使整个植株达到一个较为美观的外形。适当裁剪可以提高透光率，便于植株吸收养分，提高抗逆性，促进树木开花结果，延长生命。放任树木生长最终只会让生命过早衰亡，只有及时整形、修剪，才能使植物持久焕发生机。

整形修剪的问题树木类型

良好的树冠具有良好的树型骨架基础，主枝副枝配备良好，树枝之间结合牢固。但是随着时间的推移，树木会出现一些不好的结构，比如主枝结合部不牢固、易劈裂，分枝点离地面较近，枝枝张开角度小，萌发枝较多易风折，出现象耳或掐脖现象，等等。一旦出现上述现象，就说明树木在生长过程中遇到了问题，如果不及时解决，最终会影响树木的生命。在整形、修剪时，一定要依照树木原本的生长特性和自然规律去做，万万不可人为破坏植物。

整形修剪的操作原则

无论是整形还是修剪，都需要考虑树木本身的特性，必须适应树木自身的生长需要，同时可以参考绿化功能和美观原则，根据树龄和长势的强弱选择合适的整形、修剪方法。植物常见的树形有塔形、圆柱形、圆球形、垂枝形、伞形、匍匐形。而人工整形的形状有杯状形、圆球形、几何图形、动物形状等。在修剪时，除了考虑树木的生长习性、相关功能外，还需要对周边环境、修剪程序进行考察。修剪时，先观察树木的整体形态，确定好后先剪大枝，再剪小枝，有序进行。

如何对果树进行矮化栽培?

矮化栽培就是指使植株比正常生长的植株矮小的栽培技术，多用于果树或观赏类的植物。在 20 世纪 50 年代，美国为了加快农业发展的质量和数量，较早采用了矮化砧木进行培育。随后在日本、新西兰、澳大利亚等国推广应用。

矮化栽培的原因

之所以让植株比正常生长的矮小，主要就是为了提高产量和品质，每一株植物所占的空间变小之后，同一片土地就可以种植更多的植物，这样就在无形之中扩大了种植面积，有效利用土地资源，单位面积产量提高，容易实现丰产。大量实践证明，矮化栽培可以促使果实早着色，提前成熟，果实营养成分较多，含糖量高，硬度发生变化，利于储存。同时，树体矮小便于人员管理和机械化生产，有效提高工作效率。矮化栽培可以使品种更新换代的速度提升，即使是受到自然灾害，矮化树种也可以迅速恢复。因此矮化栽培具有重要意义。

矮化栽培的方法

矮化栽培的方法有很多。对于观赏类植物而言，可以用盘扎或编扎的方式改变树枝的形态。对于果树而言，可以通过倒贴皮、环剥的方式促使果实提前成熟。另外，我们还可以借助外部条件达到矮化的目的，比如利用生长调节剂，抑制树体生长，促使果树早开花、早结果。除此之外，我们还可以借助矮生品种或者利用矮生砧木来实现矮化栽培。

矮化栽培的其他内容

早在 1927 年，英国就已经开始注重矮化栽培这一方法了，随着实验逐渐成功，各国都开始了自己的矮化技术。中国矮化栽培的开始时间较早，不过系统的矮化栽培是从 20 世纪 50 年代开始的。之后，我国引进了很多外国实验成功的矮化品种。目前，像苹果、桃子、梨等果树已经开始系统培育矮化品种，相信矮化栽培的前景是非常光明的。但是在栽培时还应注意，矮化砧木的抗寒性、抗风性较差，对栽培条件提出了很高的要求，在种植时不宜过密，应做到适应自然，因地制宜。

如何对园艺植物的花果进行调控？

在栽培过程中，植物的整体状态是否良好体现在花朵或果实上。如果开花较多，可以满足市场需求。同理，如果果实硕大饱满，那么就证明果树在农民的精心呵护下拥有良好的状态，农民的收成也会好。花朵和果实是植物养护最终品质的表现，因此，对花朵、果实的调控非常关键。

花朵数量调控

植物开花的数量取决于花芽分化的程度，花芽分化的程度越高，花就开得越多。我们可以看到，花芽的状态取决于最终花朵盛开的数量，可以通过改善影响花芽分化的因素来调控花朵。我们要控制肥水比例，尤其是在树冠形成一定体积后，要减少氮肥的比例，防止徒长。在开花前期，保持植株适度的干旱有利于提高花芽的质量。除此之外，还可以选择使用生长调节剂或者整形的方式，促进花朵数量的增加。

花朵质量调控

花色也是影响花朵质量的一个重要因素，颜色纯正、艳丽的花朵证明了植物的品质一定不差，因此，调控花朵质量，可以从花色入手。为了确保花色品质，应该选择品种良好的种子进行栽培，在生长过程中要注意选择适宜的肥料，因为肥料也会对花色产生影响，可以适度施加钾肥，保持适度干旱，这样有利于花色素苷的形成，能够更好地维持花朵的颜色。

果实数量调控

在果实数量这一问题上，我们首先要明确，并不是花开得越多将来生长出果实的概率就越大，俗话说“满树花半树果，半树花满树果”，适当疏花疏果有利于维持树木的合理负载促进果实的良好发育。花朵开放后及时疏花，在幼果第一次开放后应及时进行疏果。除了人工疏果，还可以采用化学药剂，常见的有西维因、石硫合剂等。

果实质量调控

影响果实品质的因素有果实的大小、光洁度、色泽、风味等。通过大量实践，我们发现，通过加强肥水管理、对果实进行套袋处理、适度喷洒果面保护剂等措施可以有效提高果实质量。

花卉花期调控需要注意哪些问题?

早在古代，我国先民就利用各种各样的调控技术改变花朵的花期。所谓的花期调控也就是指依照市场需求和人们的需要，利用各种栽培技术使植物的花朵在其自然花期之外开放。要想改变花期，做到对花期的有效掌控，我们需要了解以下几个问题。

花期调控的基本原理

人们之所以可以对植物的花期进行控制，主要是因为人们摸透了植物的生长规律，具体体现在“休眠”“春花作用”“发芽分化和发育”三个方面。有的植物在生长期间存在暂停生长的休眠阶段，如果想要打破休眠，就需要一定的温度。有的植物在低温下会开花，这种现象为“春花作用”，所以只要保持适度的低温，就可以让植物开花。有的植物在花芽分化时只需要一个温度范围即可，但是有的植物就需要特定的温度，如果温度超过其花芽分化需要的低温，那么植物就只生长，不开花。除此之外，光照的诱导、植物体内的生长物质也会影响花期。

花期调控的常用方法

我们已经知道了温度、光照和植物体内的生长物质可以影响花期，那么可以从这四个方面入手。首先是控温法，可以从降温和加温两个角度考虑。对于一些球根花卉来说，可以使用降温法。其次是控光法，控光法主要有四种途径：短日照处理法、长日照处理法、遮光延长法、昼夜颠倒法。短日照法通过设施减少光照来控制花期，长日照法是通过增加光照来诱发花朵开放，遮光延长法是通过适度遮光来延长开花时间，昼夜颠倒法是针对那些夜晚开花的植物，通过营造环境使植物造成昼夜颠倒的错觉，致使它们白天开花。除了控温、控光，还有气体调节法、生长调节控花法等。

花期调控需要的设施

加温法可利用地热加温、管道加温、电热加温等方法实现，如牡丹一般在 5 月盛开，但有的地区利用各种加热设备，可使其提前两三个月开花。降温法的设备一般是冷库，不过在对植物降温时，不可突然将其置于低温环境，应每天都降低一点温度，使植物渐渐适应低温。短日照法需要用到黑塑料布，长日照法需要用到白炽灯。这些设施看似简单，却可以有效控制花期，方便实用。

第二章 果树栽培技术

果树产业是集经济效益、农业价值、生态价值、社会价值于一体的产业，发展果树产业，不仅可以增加社会效益，还能合理利用土地，对社会的发展具有重要的意义。目前果树产业的技术还不完善，果实品质无法保证，所以发展果树产业任重而道远。

苹果树的郁闭现象应如何规避？

苹果是日常生活中最常见的水果，苹果树的种植面积在我国各类果树种植面积中位于前列。可见，苹果的需求量之大。虽然苹果的市场稳定，但是苹果树在栽培过程中会遇到一系列问题，最严重的就是郁闭现象。

郁闭现象的定义

郁闭是指植物的树冠相互链接的状态。郁闭度是指阳光投射在地面之后呈现的总阴影面积和林地总面积的比重，它反映的是林地的分布密度。尽管郁闭和郁闭现象反映的是林地问题，但同样也能反映果树的种植问题。由于苹果的需求量较大，果农都会加大苹果树的种植面积和密度，所以，了解苹果树的郁闭现象非常有必要。

郁闭现象的危害

苹果树在生长过程中，树枝变粗，分层变多，原来的小树冠长成了大树冠。几年之后，苹果树的密度就会增加，郁闭度指数也会上涨。这样，果树上面的树冠就会挡住下层的叶片或者果实吸收阳光。不止一棵树出现这样的情况，大多数果树都是这样，树与树之间的“阳光争夺战”就会愈演愈烈，这时它们就不得不长出更多的枝条接收阳光，阳光影响树木下层的光合作用，长此以往，形成恶性循环。树冠郁闭之后，下层叶片缺少光合作用，就会导致苹果树营养不良，最终影响开花量和坐果率。郁闭现象不仅影响苹果的质量，也给果农带来了困难。树枝横生为果农管理果树造成了不便，大家都得弯腰钻着走，干活更要趴下，浇水施肥等活动受到限制。

解决郁闭现象的措施

郁闭现象，简单来讲就是整棵树上层和下层的光合作用不协调造成的，为了解决这种现象，不少专家到处走访，寻找经验，最终一位老教授在日本考察时发现了解决的方法。他在一处果园看到，那里的红富士苹果树的枝条都是垂直的，每一个苹果被树枝串起来好似珠帘。原来日本的果农为了能让每一个果实都接收到阳光，想出了这样的主意。所以解决郁闭现象，就要从光照入手。我们可以将果树顶部的大树冠剪去一部分，这一步骤叫“摘帽”。再将树干部位过密的粗枝和下层主干去除，这样就可以有效解决郁闭现象。

苹果的花果管理是如何实施的？

苹果是蔷薇科苹果属植物，苹果树为落叶乔木。苹果营养丰富，含有多种维生素和微量元素，钙量充足，深受人们喜爱。苹果树对矿物元素的需求较大，在开花结果期应注意管理方式，做到科学的花果管理。

苹果树的保花保果

对于苹果果实而言，影响其品质的有两个因素，分别是坐果率和落花落果。当坐果率得到提高时，最终的产量也会提高；相反，落花落果的现象增多，最终的产量也会随之降低。因此，控制落花落果、提高坐果率就成为果农在生产过程中的一个重要任务。虽然每个地区落花落果的原因不一，但是只要注重平时的管理，就一定可以有效提高果树产量。首先，要加强肥水管理，坚持施加有机肥，在开花结果期增加磷和钾的供应。其次，要在花期放蜂，这段时间避免喷洒农药。最后，可以适当增加人工辅助授粉次数，确保在天气不利的情况下仍可以进行授粉。

苹果树的疏花疏果

如果苹果树的开花多、坐果量较大时，果农就要适当进行疏花疏果的处理。这样做的目的是减少果树受到病害侵害，提高苹果树的抗寒性，保证树体养分充足，健康生长，最终提高果实品质。在准备前期，要考虑果蔬的负载量，负载量的确定不仅要考虑果实的品质和数量，还要确保来年的生产品质，确保树势强健，具有较高的养分。因此，从自然条件和社会条件两方面考虑，每亩产量应维持在1500 ~ 2500千克。

苹果树果实管理

果实的品质和其色泽、光洁度、大小、形状、硬度等因素相关。对于苹果而言，为了让其生长得更好，果农会选择为果实套袋，这样做不仅可以改善果实外观，使苹果更红更亮，而且可以提高苹果的甜度和营养价值，最终提高苹果的商品价值。目前，袋型有两种，分别是塑料袋和纸袋。大量实践证明，纸袋比塑料袋的效果更好一些。在套纸袋之前，需要喷洒杀虫剂，选择套袋的时间也非常重要，一般会在落花10天之后，有的品种可能在落花1个月后，具体的时间需要根据品种确定。

为什么说桃花的花蕾期讲究多?

桃是蔷薇科桃属植物，在我国已有千年历史。桃的原产地位于我国黄河上游的高原地带，是果树中种植面积较广，分布面积较大的品种之一。桃在我国是吉祥植物的象征，人们常用“仙桃”“寿桃”来表达对于生活的美好憧憬。桃树适应能力强，即便是粗放式管理也会有不低的收成。因此，桃树成了果农的主要栽种品种。

花蕾期疏花

在我国的某些地区，桃子的品质非常好，它们味道甜美，果汁醇香，果肉软嫩。如何让桃子生长得更好呢？除了对光照、温度、湿度等进行合理把控外，花蕾期疏花这一环节一定不能忽视。也许有人会问，一般都是在开花之后才开始疏花，为什么桃花的疏花工作在花蕾期就开始了呢？ 其实这个问题的关键之处就在于养分。早春时节，树木能够生长，全是依靠冬季树木所储存的养分。由于光照不够充足，所以对于树木体内养分的依赖性要高一些。但是花朵仍然需要生长，如果不摘去那些发育不良的花朵，就会影响其他健康的花朵。所以桃花在花蕾期，就要开始疏花了。

花蕾期除叶芽

为了让果实形态口感俱佳，在桃树的生长过程中，果农还需要对桃树进行疏叶芽。在人们的认知中，只听说过除花，这除叶芽还是第一次听说。其实和疏花的原理相同，都是为了节省营养。嫩芽的生长发育需要大量的钙元素和氮元素，及时去除一些发育不良的叶片有利于节省钙和氮。节省下来的那些充足的元素就会以另一种形式补充到树木的其他地方去，比如幼果的生长发育。实验证明，钙元素和氮元素可促进果核的发育，将来桃子能不能长得又大又好，在树木生长前期通过果核就能判断出来。

疏花除芽的注意事项

为了尽可能储存更多的营养，一般来说，果农会遵循一些基本原则，如果枝背部的花朵和嫩芽要全部掐掉；果枝上直立生长的花朵和嫩芽要全部掐掉。同时还要注意每一个桃子之间要保持一定的距离，这样不仅可以让果实充分接收光照，而且可以阻碍害虫的移动。

大棚桃对栽培操作提出了哪些要求?

大棚桃是利用温室大棚培育出来的，主要是为桃树生长营造一个适宜的环境，让桃子尽早发育，尽早成熟，尽早上市，抢占市场先机。桃树是生长于温带的木本植物,我们将在大棚中生长的桃子称为“棚桃”,目前棚桃依然在反季节蔬果中占据很大比重,因此棚桃的发展前景广阔。

大棚桃对温度的要求

要想反季节生产大棚桃，只是为其提供一个塑料大棚是不够的，温度就是一个必须考虑的因素。大棚桃对于温度较为敏感，生长过程中一定要注重调节温度。桃树在低温状态下有一个休眠期，只有在休眠期保持低温，棚桃的花芽才能正常分化。低温休眠期一般在 12 月结束，结束后桃树就要进入新一轮的生长发育。在白天，大棚的温度须维持在 15℃以上，到了夜间，温度降低，为了不让棚桃的生长受到影响，可以盖上草帘以达到保温效果。

大棚桃对光照的要求

棚桃不仅对温度敏感，对光照也敏感。白天日光充足，但是到了晚上，光源减少。为了解决光照问题，可以安装灯泡。通常情况下，植物需要长波光，能散发长波光的是白炽灯，而节能灯、碘钨灯、日光灯等灯泡散发的都是短波光。所以按照果农的种植经验，在大棚中安装常规的白炽灯就可以。

大棚桃对于肥水管理的要求

棚桃对于肥水的要求也不低，果农为了让种出来的桃子又大又甜，想了不少方法。一些有经验的老农分享了自己的肥料配方。原来能让桃子鲜嫩多汁的法宝竟然是羊粪。羊粪的有机含量较高，是含钾率较高的肥料。除了施加羊粪，可在棚桃定植后施加氮肥和尿素，在果实膨大期间适度施加果树专用肥，以提高产品果实品质。同时，还要注意桃树的几个关键时期及时浇水，可采用漫灌，少量多次，保持土壤湿润。桃树常见的病虫害有桃蚜虫、山楂叶螨、穿孔病、炭疽病等，要及时采用适宜的方式防治。

如何规避赤霞珠葡萄生长中的问题?

赤霞珠是葡萄的一个品种，由于它香味醇厚浓郁，因此被人们视为酿造红葡萄酒的理想品种。它的原产地位于法国，是非常尊贵的葡萄品种。赤霞珠葡萄的市场价格较高，种植前景广阔，近年来不少果农开始栽培赤霞珠葡萄。

赤霞珠摘心问题

既然赤霞珠具有很高的经济价值，那么顺利增产就是果农的心愿。在实际的培育过程中，我们发现，赤霞珠的坐果率不好把控。如果坐果率不稳定，那么就会影响最终产量。要想解决坐果率，必须解决花期管理问题。赤霞珠葡萄的枝条生命力旺盛，开花时，枝条会吸收掉大部分的营养，所以最常见的现象就是枝条发育良好，但花朵难以发育。专家提出，解决此问题的方法就是摘心。一般来说，如果看到哪片叶子的大小是正常叶子的三分之一，就将这片新叶子以上的梢掐掉。这样叶片就不会吸收树体的营养，这些养分就可以供给花朵生长发育了。

赤霞珠果实大小不均

赤霞珠葡萄除了枝条生长旺盛外，还有一个特点也会影响最终的收成，那就是它的花粉发育不整齐。这也意味着有的花粉成熟早，有的成熟晚，那么果实的发育也会有早有晚，最终会导致葡萄的果实大小不一。为了解决这个问题，果农在赤霞珠花期喷洒硼肥。施加硼肥的好处就是可以增加花粉的发育能力，使果实发育的步调一致，不影响最终的果实大小和形状。在河北涿鹿县，农民用稀释了 300 倍的硼肥对赤霞珠进行喷洒，最终葡萄增产了 20% ~ 30%。

赤霞珠的病害防治

在花期，除了进行摘心和硼肥喷洒处理之外，我们还需要做其他工作，因为进入夏季，赤霞珠还会受到白腐病和霜霉病的病害威胁。当空气湿度在 90% 以上、作物出现伤口时，白腐病的发生概率就会大大增加。因此，如果遇到下雨、冰雹等天气，就要提前一天喷洒灭菌杀虫剂。霜霉病也是由于空气湿度较大而感染植株造成的。夏季多雨，一定要多关注天气，提前做好准备。

为什么要加强巨峰葡萄的冬季管理？

巨峰葡萄是葡萄科葡萄属的植物，它是欧美葡萄杂交的品种，在日本被率先培育，1959 年引入我国，随后在我国各地广泛培育。巨峰葡萄抗寒性好，适应环境的能力极强，生长出来的果实饱满肥厚，味甜多汁，深受农民喜爱。

广西巨峰葡萄的秘密

一般的葡萄都是在春季播种，夏季开花结果，金秋时节收获累累硕果，但是广西地区的情况却大不一样。在广西栽培的巨峰葡萄在冬季收获，比起普通的巨峰葡萄，广西出产的葡萄颜色更深，口感脆嫩，香味更浓，不少人曾感叹这冬季的葡萄竟然如此好吃，所以一到冬天，不少商家都去广西慕名品尝。

广西巨峰葡萄之所以在全国出名，主要是因为当地的气候适宜葡萄的生长。起初一位果农修建葡萄架时无意之中发现，当时已进入冬季，但是葡萄架上仍然有一串葡萄，果农尝了尝，味道竟然出奇地好，所以就萌发了在冬季收获巨峰葡萄的想法。

巨峰葡萄的双季栽培

正如吐鲁番的葡萄全国闻名一样，只要光照充足、昼夜温差较大，降水少，葡萄的甜度就会增大，最终的品质一定不差。广西的地理位置决定其冬天的气候也呈现出光照足、温差大、降水少的特点。所以在广西栽培葡萄，一定会有更广阔的发展空间。但是问题就在于如何让葡萄在冬季上市呢？

专家指出，巨峰葡萄冬季上市的关键是让葡萄再次萌发花芽，为了让花芽再次萌发，可以适度修剪。其实修剪的技术并不复杂，最重要的就是修剪的时间。果农认为，春节期间，葡萄的需求会增大，所以要想在那时上市，就必须调控好修剪的时间，经过多次实验，他们找到了最佳修剪时间，那就是在第一茬葡萄收获后——也就是 8 月 15 ~ 8 月 20 日。

巨峰葡萄的冬季管理

上面我们讲到了接两茬的葡萄树管理，那么对于那些一茬葡萄树，又应该如何管理呢？在入冬之后，葡萄树的落叶纷纷飘下，这个时间段仍需施足基肥，合理修剪，必要时还得深耕土壤， 去除杂草等，为来年葡萄树的生长做好准备。

为什么栽培草莓需要细致认真？

草莓是草莓科草莓属的多年生草本植物，原产地位于南美，现在世界各地均有栽培。草莓的果实是浆果，清爽多汁，酸甜美味，除了鲜艳的外表外，草莓的营养价值极高，维生素 C 丰富，深受广大消费者的喜爱。草莓没有山竹那样坚硬的外壳，果肉是直接裸露的，所以从前期准备到后期运输都需要非常小心。

选择栽培地要谨慎

草莓对于土壤较为敏感，因此在选择土地时一定要根据草莓的特性充分考虑。草莓的根系是须根，不能深入扎进土壤，对于养分的吸收能力也较差。因此草莓的种植地应选择疏松肥沃、透气性、排水性良好、富含有机质的沙质微酸性土壤。在种植前，最好对土壤进行消毒。可选择一个炎热的天气，向土壤喷洒杀菌灭虫剂，覆盖上地膜，利用高温除掉细菌和害虫。除此之外，种植地的基肥一定要充足，可以施加有机肥、氮磷钾复合肥，以保证土壤质量（也可换成尿素、硫酸钾等）。

草莓养护需细致

在大棚种植反季节草莓时，果农都会选择铺上地膜。主要是因为草莓没有坚硬的外壳，容易受损，一旦沾上泥土，就失去了美丽的外表，如果拿水冲洗，就会加剧腐烂，更不利于果农的收成。所以为了让草莓卖个好价，保持新鲜的外观至关重要。果农利用地膜阻隔草莓果实和土地，这样就不会弄脏果实。除了前面提到的保护果皮外，果农还惊奇地发现，铺上地膜不仅利于保温，还能有效遏制杂草生长，好处颇多。

后期采收应小心

等到草莓着色达到70%时，就要进行采收了，如果采收时间过晚，草莓很容易腐烂，影响后期售卖。一般来看，采收的时间应在清晨或傍晚温度较低时进行，因为温度较高，果实会发软，不利于采摘，一旦碰伤，果实流汁，就会影响后期的售卖。同时，草莓也不宜长途运输，应就地贩卖，运输途中防止太阳暴晒，防止路途过于颠簸，必要时可采用冰块为草莓降温。

大棚草莓授粉和肥水管理应注意什么？

在上面的内容中，我们提到了草莓的栽培，除了提到的上述注意事项之外，果农依然有很多要素需要加以考虑，比如，授粉问题和肥水管理的问题。草莓的授粉方式有人工授粉、风媒授粉、虫媒授粉。

大棚草莓的授粉管理

草莓的种植环境一般分为两种：露天种植和大棚种植。在露天环境下，果农都采用风力授粉，这样做可以节省成本，促进产量的提高。但是在温室大棚的封闭环境内，靠风力授粉基本不可能，可仅靠人工授粉不仅费时费力，说不定还影响产量。为此果农想出了一个办法——请蜜蜂帮忙。果农一般会选择采集效果好、繁殖能力强的蜂种。为了让蜂蜜出巢，果农用白糖水来引诱。需要注意的是，白糖水不宜过多，如果蜜蜂吃得太饱，就不会努力工作。

草莓的肥水管理

在草莓定植温室大棚后，要及时浇水，适当的中耕松土。中耕松土不仅可以促进有机物的分解，还有利于果实的生长发育。缓苗期之后要控制水量，覆盖地膜之后，要保持土壤85% ~ 90%的湿度。当树木经历开花期，对湿度的要求会降低，在果实膨大期，土壤只需保持

60% ~ 70% 的湿度即可。果实成熟期，土壤湿度在 50% ~ 60% 即可。定植后，施肥主要以氮肥和磷肥为主，适当施加尿素和钾肥，在开花、坐果期间，应减少氮肥的比例，适当增加磷肥和钾肥。

大棚草莓的其他注意事项

草莓的常见病虫害主要有灰霉病、白粉病、轮斑病、蚜虫、红蜘蛛、盲蝽象等。现如今消费者不敢轻易买草莓，主要原因就是害怕草莓表面有农药残留。但草莓的生长过程非常脆弱，必须得喷洒农药。不过专家说，只要按规定使用，在草莓结果时农药就可以自然分解。因此食用草莓要秉持适量原则，在食用之前一定要仔细清洗，可以用淘米水或淡盐水浸泡几分钟，这样不仅可以去除脂溶性农药，而且可能使小虫子浮起来。需要注意，清洗时不要去掉草莓蒂，防止污染物通过底部进入果实。

如何对梨树进行科学合理的栽培管理?

梨树是蔷薇科梨属的多年生植物，我国是梨的原产国之一，种植梨树的历史悠久，有 3000 多年，目前，梨树主要分布在四川、辽宁、山东、河南等地。梨是世界五大水果之一，在我国，它的种植面积仅次于苹果。因此，它是深受人们喜爱的栽培品种。从广义范围来说，梨有东方梨和西方梨之分，东方梨的常见品种有沙梨、白梨、库尔勒香梨等。

梨树的形态特征

整体来看，梨树形态高大，寿命较长，品种不同，高度略有差异，像秋子梨树最高可以长到 30 米。梨树的枝干较短，长枝较少，非常利于花芽分化。梨树的花芽是混合花芽，顶生，花序为伞房花序，花瓣近圆形，颜色为白色。果实的形状有圆形、椭圆形、瓢形等，果肉呈白色，种子呈黑色或黑褐色。梨树的开花量较大，坐果率较高，生命力旺盛。

梨树的生长环境

梨树对于温度的要求不算太高，在开花期间，温度维持在 10℃以上的气温即可，花芽分化的温度会更高，要在 20℃左右，有的品种耐寒，像秋子梨最低可耐寒 −35℃。在果实膨胀期，如果昼夜温差较大，梨会更甜。南疆的一些地区昼夜温差高于 10℃，非常有利于糖分的积累。梨树在生长过程中喜欢阳光充足的地带，因此每天都要保证 3 小时以上的直射时间。梨树喜欢肥沃疏松、排水良好的沙质土壤。

梨树的栽培管理

梨树对水较为敏感，北方是梨树大面积种植的区域，但是比较缺水。在浇灌时，可采用喷灌、滴灌的方式，有条件的可以开沟渗灌。一般而言梨树在萌芽期、开花期、果实膨大期和休眠期需水量较大，尤其是在果实膨大期，需水量要相较以往更大，因此，到了那段时期，一定要注意及时补充水分。梨树需要异花授粉才能结出果实，为了提高坐果率，需要配置一定比例的授粉品种。不过在授粉时要考虑天气因素，遇到恶劣天气会影响授粉效果。当然，还可以利用蜜蜂授粉或人工授粉。果实在生长过程中可采用双层纸袋套袋处理，这样有利于保证果实的品质。

为什么西瓜会得枯萎病?

西瓜被称为“盛夏之王”，味道甘甜、清爽解暑，深受人们的喜爱。因此西瓜种植比较受农户的青睐，它还有着投资少、见效快的特点，在种植期间其管理较为方便，销售过程也十分简单快捷。但是西瓜种植常受到西瓜枯萎病的威胁，给瓜农造成很大损失。

西瓜枯萎病也被叫作“死秧病”，刚开始发病的时候，生病茎蔓上的叶片从根基部位渐渐地变蔫，好像缺水的状态，在中午的时候比较明显。刚开始的一两天，早晚的时候还可以恢复常态。几天之后就无法恢复了，慢慢地枯死。

西瓜枯萎病的病因

西瓜枯萎病是受半知菌亚门真菌和西瓜尖镰孢菌的感染而导致的。这种病菌可以在土壤或是没有腐熟的肥料里过冬，在没有寄主的状态下可以存活五六年时间，甚至有的可以存活长达 10 年。

一般来说，这种病菌是从西瓜根茎的伤口或者根毛顶部的细胞间隙中入侵，它会在寄主的导管内成长发育，并分泌出果胶体的物质堵塞导管，使西瓜根茎的水分传输受到阻碍，最终让整棵西瓜秧枯萎。这两种病菌一般是依托土壤来传播的，还包括病残体和种子等。

西瓜枯萎症症状及易发环境

西瓜枯萎症在发病时，大部分情况是整株发病，而有些病株只是一部分茎蔓发病，而其他部位正常。病株呈现出立枯的状态，下面的叶片逐渐萎缩，然后全株的叶片都会枯死。茎蔓的根基部分呈现萎缩状，有褐色的斑点，有时候会有胶状物流出。

西瓜枯萎病在西瓜生长的每个时期都可能产生，但是在其结果的期间是发病最为严重的时候。最适合病菌活动的温度在 25 ~ 30℃，气温高于 34℃的时候症状较为缓解。而当出现较多降雨温度又很快上升的时候，症状呈现速度最快。

西瓜枯萎病的综合防治

在防治西瓜枯萎病的时候，想要从根本上解决。首先要选择抗病的瓜苗，如西农八号、丰抗八号等。另外要积极采用嫁接栽培的方法，使用瓠瓜、葫芦和南瓜等作物作为砧木进行嫁接换根是解决此病的良好手段。

除此之外，可采用水旱轮作的种植方式来进行西瓜种植，染上病菌的西瓜在水中的存活期远远超过在土壤中的存活期，因而水旱轮作对于预防此病十分有效。也可对种子进行预处理，使用含漂白粉 2% ~ 4% 的溶液浸泡，半小时后洗干净，可将种子上的病菌杀死。

为什么荔枝作物要严格预防病虫害?

荔枝是一种甘甜爽口、营养价值极高的水果，深受广大消费者的欢迎，“一骑红尘妃子笑”鲜明地体现了它受人喜爱的程度。同时，荔枝有着良好的经济价值，在市场上往往供不应求，因此南方很多农户都会选择种植荔枝。

种植荔枝能否取得良好的效益，关键在于病虫害的防治，而防治病虫害一般来说是以荔枝作物的农业防治、生物防治和物理防治三项方式综合来进行的。

农业防治荔枝病虫害

所谓农业防治荔枝病虫害，首先要根据当地的种植环境，合理选择多抗、高抗和耐病虫害的荔枝品种来进行种植。其次，将所选的荔枝品种进行区域化管理，同一个区域内不要种植成熟期差别过大的品种。最后，要多使用生态有机复合肥，让土壤结构更为友好，让树体营养更为均衡，增强抵抗力。

在种植管理过程中，要积极创造一个利于果树生长、利于病虫天敌生存的良好环境，通过蜜源植物、防护林带、行间间作等手段来保护种植场地周围的生态平衡与生物多样化。并通过提升对树体的管理来使其物候期尽量一致，提高它们抵抗病虫害的能力。

物理防治荔枝病虫害

物理防治是综合运用各种病虫害防治用具，从作物外部对周围环境进行积极调整的防治方式。包括使用蓝色板、黄色板、白色板或幼虫灯等来吸引和聚集害虫，并进行统一的灭虫处理。

除此之外，也可以在作物外围设置防虫隔离网，并对常见害虫，如吸果夜蛾、椿象和果蝠等进行大规模人工捕杀。还可以运用果实套袋技术，防护荔枝本体遭受病虫害的入侵。

生物防治荔枝病虫害

生物防治首先要使用微生物源和植物源农药进行喷洒。在使用杀虫剂时，要尽量使用对食蚜蝇、捕食螨和食螨瓢虫这些病虫害天敌杀伤力较小的品种。并且可以人工释放一些病虫害天敌，如平腹小蜂、捕食螨等。

生物防治是一种和生态环境联系非常紧密的防治技术，水能载舟亦能覆舟，这就需要我们谨慎地保护生态平衡。在利用生物防治达到较好的打击病虫害效果的同时，尽量减小对生态环境的影响。

为什么要给香蕉进行断蕾操作?

香蕉是一种产自热带的高热量水果，受到人们的普遍喜爱，在一些热带贫困地区甚至将其作为主食来食用。它具有极高的营养价值，能够促进消化，改善人的肠胃系统。因为人们喜欢吃香蕉，所以，也促进了农户的种植积极性，纷纷尝试种植香蕉作物。既然决定种植香蕉，就一定要尽力提升它的产量，除了日常养护和施肥以外。香蕉特殊的生长过程，要求人们对它进行断蕾操作，这样可以降低养分的流失，让香蕉充分把能量用在结果上，提升种植效率。

什么是香蕉断蕾

香蕉果实是香蕉树上的香蕉花发育生成的，每株香蕉树会长出一个花轴，上面会结出十几组香蕉花。但是，不是每组花都可以长出香蕉。

这些花按照类别可以分为三种，分别是雄花、雌花和中性花，它们可以根据大小被判断出来。

香蕉花的开放顺序分别为雌花、中性花和雄花。雌花首先开放，其他部分会慢慢长大，最后长成香蕉的果实。而中性花和雄花并不会结果，假如任由它们自然生长，会白白消耗养分，影响雌花的充分发育，因此需要通过断蕾来保证香蕉结果。

如何进行香蕉断蕾

首先要正确辨别雌花、雄花和中性花，花和子房比例为一比一的是中性花，花跟子房比例为二比一的是雄花，而花和子房比例为一比二的是雌花。明确了花之后，用断蕾刀小心去除中性花和雄花。

另外，靠近香蕉蕾的两三把香蕉也无法长成优良果实，因此也要把它们去掉。做到一株香蕉轴上留 7 梳果实最佳。断蕾处要和完整的香蕉果实保持 20 厘米左右的距离。并在断蕾处留下一两个单果，目的是让一小部分营养留到此处，保证整梳果实的营养流动充分。

香蕉断蕾的注意事项

在进行香蕉断蕾的时候，应当尽量选择晴天的午后来操作，尽量避免在阴雨天或者雾天进行。这是因为，在阴雨天或雾天其断蕾处的伤口不容易愈合，很容易让细菌侵入而导致作物腐烂。

除此之外，也可以涂一些杀菌溶液，比如灭病威 300 倍溶液、多菌灵 600 倍溶液或是神州绿 1500 倍溶液。然后使用蓝色专用塑料膜来套住果穗，塑料膜和果穗之间用牛皮纸进行隔离，这是为了防止果实染上相关病害，并提升香蕉产量。

枇杷移植到北方有何好处？

枇杷是一种呈长椭圆形的形状好似琵琶的水果，别名也叫金丸、芦枝或炎果等。它味道甜美，营养丰富，具有润肺、止咳和止渴的功效，还可以被做成罐头制品，或与其他药材一起制成川贝枇杷膏，具有广泛的经济和社会效益。

北方种植枇杷的经济价值

枇杷是南方特有的水果，原产于中国的东南部各省，后又被移植到南方大部分省份。现在很多人正在尝试把枇杷这种南方水果移植到北方来种植。那么，为什么要把枇杷种到北方呢，有没有可行性呢？

枇杷因其独特的口感、营养和药用价值，受到全国消费者普遍的欢迎。但是枇杷本身是不太方便被长途运输的，因其比较怕受到挤压。而且枇杷不像苹果和桃那样的水果，可以摘下来后慢慢熟透，枇杷必须在树上熟透，不能提前采摘。

因此，枇杷相对较短的保质期和本身柔软怕挤压的特性，让枇杷的移植成了必要的措施。这样一来，一方面可以节省大量的运费，降低成本，让北方的消费者能够买到更便宜的枇杷。另一方面还可以保证其成熟度，让其变成软的、橙黄色的时候再行采摘。

北方种植枇杷的可行性

虽然说北方冬天的气候较冷，温度过低的时候可能会把枇杷冻死，但是只要采用温室种植，还是完全可以保证枇杷的正常生长发育。比如桃树、杏树都是温室种植的范例。而且枇杷是常绿果树，冬季也可以开花结果。

其实南方的冬天温度也是较低的，而枇杷能够在冬季开花结果的特性，恰恰证明了它本身具有一定的抗寒能力。因此，将枇杷这种果树移植到北方来，是有十足可行性的。

北方种植枇杷的优势

在冬季的时候，温室在白天受到阳光的照射，潮气容易向上涌出，大棚里的湿度会骤然提升，不过，对于北方蔬菜来说，并不喜欢这种高湿的环境。而枇杷恰恰相反，作为南方土生土长的作物，它比较喜欢冬季大棚里那种低温高湿的环境。

而且，北方种植的枇杷事实上比南方的枇杷成熟得更早，这是因为在北方的种植环境大多属于长日照地区，日照时间相对较长，因此枇杷开花期就比南方旦很多，果实的结出和成熟自然也就提前了。

为什么脐橙园要建设配套养猪场？

脐橙是一种优良的柑橘品种，它味道甘甜，富含大量维生素C以及胡萝卜素，有助于抑制致癌物质的产生，还有促进血液循环和保护血管的功效。它集食用价值和药用价值于一身，再加上种植脐橙良好的经济效益，让脐橙种植成为农户极佳的选择。

沼液对果树的好处

脐橙虽然受到世界各地的广泛欢迎，争相种植，但它的区域限制还是比较明显的。目前，我国较为适宜种植的地区为赣南、桂北、湘南和三峡库区等地。接下来，我们要重点讨论，给脐橙种植园配套养猪场，可以起到什么样出其不意的效果。

说起沼液，很多人并不陌生，沼液是有机质经过发酵以后形成的液体，富含各种植物所需的养料，主要用于作物施肥。用沼液对脐橙果树进行叶面喷施，可以增加其叶片厚度，随着厚度的增加，叶片颜色也会更深，光合作用效果更佳，果树的抵抗能力也就更强。

这就跟人体一样，身体素质和生长发育总是成正比的。脐橙果树在经过沼液的滋润以后，树体的营养吸收会更好，那么所结的果实就会更多更大，其味道也会极为鲜美，大大增强了其品质，并能取得更好的经济效益。

养猪场粪便可带来沼液

江西某地的一个脐橙园管理者看到沼液对果树成长的巨大促进作用，便想要在种植园附近建立沼气池，而沼气产生的主要原料就是畜禽粪便。于是，他们开动脑筋，恰如其分地在种植园附近修建了猪圈。

他们利用大量的猪粪，再加上植物残渣、厨余垃圾等物质，一起在沼气池中进行发酵，这样只需要很低的成本就可以生产优质的肥料。算下来，一棵脐橙树至少可以节省5元的肥料钱。

脐橙园配套养猪场的优势

在国家强调绿色生产的背景下，对果树施用有机肥是势在必行之举，可以让果实更为绿色健康。而有了养猪场的有机肥料，这个问题就变得迎刃而解了，通过自己生产的有机肥料，省去了外购的巨大费用。

同时，种植园的植物废弃物和养猪场的猪粪，正好是生产沼液的良好配置，节省了大量原料费用和运输费用，即取即用，方便快捷，可谓一种效率极高的模式。当然，脐橙园配套养猪场仅是一种启发，我们不妨以此为例开动脑筋，创造更多高效率配套产业。

为什么给火龙果树施肥要用鸽粪？

火龙果又叫青龙果、红龙果，原产地是墨西哥和巴西等南美热带地区，是一种热带作物。后来被首先引植到了我国的台湾地区，进而扩散到海南、广东和广西一带。火龙果营养丰富，具有一般水果所没有的植物性白蛋白和花青素等。

火龙果的名字也是由其独特的如蛟龙外鳞的形状而得名，其良好的经济价值也得到果农的普遍青睐。不过，火龙果种植只依靠选好品种和日常照料，还无法达到显著的效果，这就需要另辟蹊径，在降低成本的情况下提升其品质。

火龙果种植施肥的特点

火龙果种植期间的施肥是较为麻烦的，这是其较长的采收期所决定的。每年都要重复施放有机肥，而氮磷钾等复合肥则要长期进行施用，在结果期要施加一些钾镁肥料。一两年的幼年果树主要施加氮肥，要薄施和勤施，而 3 年以上成年果树要以施加磷钾肥为主。

倘若完全施月猪粪、鸡粪等肥料，果树的枝条会变得较为肥厚，变得更脆，遇到大风来袭时容易被折断，而且果实也会品质一般、口感稍差。因此，对于火龙果种植的施肥环节，不光需要勤勉，还要革新肥料本身的选择。

用鸽粪给火龙果树施肥的优势

有一位果农认为既然鸡粪可以用于给火龙果树施肥，那么比鸡吃得好的鸽子，其粪便必然更有营养价值。这也是绿色生态号召下要求施用有机肥所促生的点子，他觉得营养成分更高的有机肥，催生出的果实会更为甜美。

结果，根据科学分析和研究，这位果农的想法一点儿也没错。鸽粪里的营养价值，其有机物含量、氮含量、磷含量都远远超出鸡粪，其综合养分是相同重量鸡粪的 1.3 倍。由此可见，鸽粪这种肥料是十分理想的有机肥。

如何用鸽粪给火龙果树施肥

首先将鸽粪进行高温发酵，做成有机肥以后每年给果树施加 3 次肥料，平均每棵火龙果树要施加约 20 千克鸽粪肥料。有了鸽粪的助力，火龙果树的种植就省去了很多施肥方面的烦恼。而且，火龙果树也必然会越长越旺，果实也会越发甘甜。

为什么要反季节生产莲雾？

莲雾是一种热带果树，水分非常充足，果皮较薄，口感极为可口，清脆而不腻，即使多吃一些也不会上火。在南方各省深受人们的喜爱，但是，受制于它特殊的生长环境和比较娇贵的果实，能够种植莲雾的区域并不大。

莲雾的原产地在马来西亚和印度，目前莲雾在我国的种植主要分布在广东、福建、台湾、广西和海南等地。但是，即使是在南方温暖的省份，也要考虑当地特殊的气候特征，进行适当的反季节生产，以起到因地制宜的效果。

莲雾的特性

莲雾的果皮特别薄，果肉呈现海绵质。莲雾含水量非常高，因此不太利于保存，一旦储藏时间过长，水分就会大量减少，影响口感，还很容易腐烂。这就造成了其不利于长途运输，很难满足远距离顾客需求的特点。

莲雾的果实比较娇嫩，在种植过程中需要保持较为良好的外部环境，其间最怕遇到寒流和台风的侵袭。假如温度下降到8℃以下，果实就会被冻伤，并出现掉果的现象，让果农遭受巨大损失。

为什么要反季节生产莲雾

因为莲雾本身良好的食用价值、营养价值和市场价值，它正得到越来越多消费者的喜爱。而它对运输过程的较高要求造成了运输成本过高，经济效益相对较低的现实状况。而且，长途运输会影响其口感，很难让消费者体验最为鲜美的莲雾味道。

这就要求扩展莲雾的种植范围，但是异地种植要考虑当地气候的影响，天气是无法改变的，只能改变莲雾自身的生长季节。主动让其顺应当地气候的特点，这样才能让它在当地扎下根来，结出鲜美的果实。

莲雾移植海南的反季节实践

莲雾在海南的移植就是一个典型的反季节生产的例子。倘若按照其正常季节进行种植，海南寒流出现的时间正好是莲雾开花结果的时候，就算不是温度的原因，一些中小型的台风也会对果实造成极大损伤。

让莲雾在海南反季节生产，可以避开当地不适宜莲雾生长的气候与温度，顺利地生长和结果。再加上反季节的莲雾上市，一定程度上弥补了其他地区在非莲雾上市季的需求，可谓一举两得。

龙眼限时采收要注意哪些问题？

龙眼是一种高为10余米的常绿乔木，花期为春夏间，果期为夏季。龙眼的果实富含维生素和磷质，有健脾、醒脑之功效，可以入药，树体可作为造船和家具的优良材质。可以说，种植龙眼的经济价值是非常显著的。

龙眼喜欢温暖湿润的种植环境，因此一般南亚热带地区种植的较多。主要品种有石硖龙眼、储良龙眼、灵山灵龙龙眼、“古山二号”龙眼和立冬本龙眼等。龙眼种植除了要注意日常维护和施肥以外，比较关键的步骤就是其采摘过程，要注意适时、适熟和轻采。

要对龙眼进行适时采收

采收龙眼对环境有一定要求，要在晴朗的日子里进行采摘，尽量选择在清晨或是傍晚采收。要避免在下雨天、大风天、雾天或者是清晨露珠仍湿润的时候进行采收，这是因为在这些湿润环境里，果皮吸收水分变得膨胀，很容易造成表面损伤，还会影响防腐处理的效果，长途运输腐烂率非常高。

而且，午后烈日当头的时候也不宜采摘，因为果实本身带有一定热度，采摘后不容易散发热量，这就导致其呼吸作用加强，果实很容易衰老，大大降低其可存储时间。

要对龙眼进行适熟采收

采收龙眼时，一定要在其成熟度达到较为合适的时候进行采摘。

针对龙眼可能被使用的不同用途，对其成熟度的要求也会有所不同。对于准备生鲜销售或是加工成干货产品的，其成熟度需达到九成以上才可以采摘。

对于准备制成罐头制品的龙眼，其成熟度在八九成时为最佳；对用于远途运输或是储藏的龙眼，其成熟度宜在八成五到九成之间采收。对于成熟度的判断，要以果实的果皮颜色、果实形态和果肉变化为主要标准，尽量准确地进行测算。

要对龙眼进行轻采采收

轻采就是要在采收时不宜太深，以免让第二年的结果受到影响。根据测算，轻采后的枝叶可以在 7 ~ 10 天内重新萌发，而经过重采的要 25 ~ 30 天才能萌芽，其区别还是非常显著的。轻采可以让枝叶更早地萌芽和抽壮梢，并在第二年更多地开花结果。如果是进行套袋采收，要连袋子一起采下，接着慢慢去掉外面的袋子，把烂果剔除后装箱。

为什么判断菠萝蜜的成熟不用只靠声音?

菠萝蜜原产于印度，后来引植到了尼泊尔和不丹等地，在我国境内主要分布在广东、广西、海南和云南等地。它是一种非常具有营养价值的水果，而且可作为粮食，另外，它还是一种较为珍贵的木材用树种，可作为上等器具和乐器的用料。

菠萝蜜有着丰富的内在价值，也是南方果农心仪的种植对象。在种植过程中，判断其成熟度是较为关键的操作流程，有句老话叫作：六月六，菠萝蜜跑下树。意思就是说，如果不及时摘取，它就会自己掉下来，造成一定的损失。

判断菠萝蜜成熟度的重要性

菠萝蜜树的高度一般在 20 米左右，可以想象，如果成熟了的菠萝蜜因为没有及时摘取而自然掉落地面，肯定会摔得不像样，至少无法进行出售，其经济损失是十分令人痛惜的，因此，果农一般会在它长到八九分熟时便上去摘取。

如果是进行远途运输的菠萝蜜，必须在它长到七分熟的时候就要进行摘取，在运输过程中它会继续熟化。一般来说，果农会爬到树上敲击菠萝蜜，听其声音来判断成熟度，但这不是唯一的办法。

观察叶子来判断成熟度

听声音判断成熟度有它不方便的地方，因为菠萝蜜树普遍都比较高大，每一个都去敲击确实很费时间，但是这难不倒聪明的果农。他们根据常年经验又总结出另一个方法，就是通过观察靠近果实的一片叶子的颜色。

这片叶子会在果实成熟的过程中逐渐老化，从青色逐渐变为黄色，当发现这片叶子变黄了，就说明这个菠萝蜜已经有九分熟了，可以进行采摘了。

观察梗来判断成熟度

除了观察叶子，把叶子当成信号以外，梗的颜色变化也是一个较为明显的信号。这主要体现在最近海南从马来西亚引进的新的菠萝蜜品种上。这一品种的菠萝蜜，梗的颜色越黄，说明其成熟度越高。

需要注意的是，刚摘下来的菠萝蜜不要直接吃，可以先用来做菜。这是因为要等它自然熟化到九分以上的时候，吃起来味道才更可口。

第三章
园林花卉栽培技术

随着社会的发展和经济水平的提高，花卉逐渐成了人们喜爱的特殊消费产品。花卉不仅可以美化生活，也是人们精神生活提高的重要表现。因此，大力发展花卉产业至关重要。为了让花卉产业更好更快发展，需要在专业化、系列化等方面下功夫。研究花卉栽培技术就成了迫在眉睫的任务。

如何为月季提供更好的设施栽培？

月季，又名月季花、长春花、月月红等。在我国，月季拥有一个好听的名字——花中皇后。月季具备独特的姿色，花容秀美，四时常开，因此赢得了国人的普遍赞誉。我国是月季的原产国之一，广东和云南占据了全国 60% ~ 70% 的产量。我国的月季除了自产自销，还有一部分出口到国外，比如法国、荷兰等。

月季是蔷薇科蔷薇属植物，现代月季的分类有杂种香水月季、藤本月季、微型月季、壮花月季、丰花月季和灌木月季。一般而言，月季的高度都在 0.3 ~ 4 米，为常绿或半常绿的低矮灌木。茎部有钩状尖刺，个别品种几乎没有尖刺。奇数羽状复叶，叶片为 3 ~ 9 片，形状为椭圆形、阔披针形或倒卵形。叶有锯齿，托叶和叶柄合生。

花朵多生于枝顶，多重瓣，瓣数为 5 ~ 80 片，不过也有单瓣的月季品种，其果实像球形。按照花朵的颜色来分，有白色、红色、黄色、橙色、复合颜色等；按照花期来看，有四季开花、两季开花和单季开花三种；按照月季植株的形态来分，有藤本型、微型、直立型、树桩型等。

月季的生长环境

月季喜欢温暖潮湿、阳光充足、通风良好的生长环境。喜光，对于日照时间长短没有太多要求，只要条件适宜便可一直开花，适合其生长的温度为 15 ~ 25℃。但一旦温度高于 33℃，或者湿度高于 80%，月季就会暂停生长，甚至有可能产生病害。月季喜欢肥沃、疏松、排水良好的沙质土壤，不管是在弱酸、弱碱还是微含盐量的土壤，月季都可以生长。

月季所适用的繁殖方法

月季主要以嫁接或者扦插的方式繁殖，有时也可以用压条或者播种的方式。对于容易生根的品种，可采用扦插的方式繁殖；对于不容易生根的大花型品种，可以采用嫁接的方式繁殖。

扦插月季可以在春末或者秋初之时进行，尽量选取组织充实的嫩枝，在其尖端部位保留 1 ~ 2 对小叶。可以采用迷雾装置提高成活率，在土壤中放些黄沙、蛭石、砻糠灰等增加排水率。扦插后要遮阳保湿，但生根前不宜浇过多的水，防止根系腐烂。

在设施保护条件下栽培月季的方法

针对现代切花月季，我们一般可以采用热镀锌钢管温控大棚或者日光温室。棚膜应采用高保温、透光透气性良好的复合膜，可配套控温系统、水肥一体化滴灌系统和遮阳系统等。

康乃馨该如何养护和栽培?

康乃馨，又名香石竹、麝香石竹，是石竹科石竹属的多年生草本花卉。原产地位于欧洲南部和地中海沿岸，目前世界各地均有栽培。康乃馨以其优雅的形态为全世界各地所喜爱，因此，康乃馨不仅是花卉装饰最基本的花材，也是世界范围内重要的切花之一。

康乃馨的株高一般在 30 ~ 60 厘米，茎呈圆筒形，表皮光滑，带有些微的白粉，叶对生，呈线状披针形，顶端偏细长，颜色为灰绿色。花朵有单瓣和重瓣之分，花瓣边缘是不规则缺刻，颜色有白色、淡黄色、粉红色、红色等。

康乃馨的生长环境

康乃馨一般喜欢温暖干燥的通风环境，有较强的抗寒能力，耐贫瘠和盐碱，但是怕高温暑热和水涝，因此，如果在家中，应将康乃馨放置于阳光充足且干燥的地方。需要注意的是，康乃馨的生活环境不能过于潮湿，否则很容易感染疾病。康乃馨对于土壤的要求是肥沃疏松、排水良好的沙质土壤，如果生长环境不是非常好，康乃馨的品种可能会退化。

种植康乃馨理想的地方应该是夏季干燥凉爽，冬季舒适温暖的地区。康乃馨的生长温度，因品种不同而有所差异。不过，从整体上来看，都要保证白天在20℃左右，夜间在10℃左右。

康乃馨的栽培管理

康乃馨应注意肥水管理，最好可以通过滴灌的方式，这样不仅节省人力，而且可以有效避免康乃馨产生疾病，提高品种的品质。春季时，雨水较多，一定要注意康乃馨的排水问题，保持干湿相间。进入夏季后，应在早晨或夜间阴凉之时浇水，1 ~ 2天浇一次。秋季气候干燥，可保持夏季的浇水频率，到了冬季，一周一次。另外，当康乃馨长出花苞后，就要提高磷钾肥的比例，可在肥料中增加过磷酸钙、硼砂等。

康乃馨的温情花语

我们都知道，康乃馨对于中国人而言是温情之花。在中国的教师节或者母亲节，学生或子女都会选择康乃馨作为表达爱的花束。不同的颜色代表不同的情感。粉红色的康乃馨一般用来表达对母亲的感激之情，白色的康乃馨象征着纯洁的友谊，红色的康乃馨代表浓烈的爱和深深的关怀。不管康乃馨的花语表述了什么，康乃馨已经成为中国人心目中“温情和爱”的代表，蕴含着我们深深的情谊。

如何规避唐菖蒲养护中遇到的问题？

唐菖蒲，又名剑兰、十样锦、十三太保等，是鸢尾科唐菖蒲属，为多年生草本花卉。原产地位于非洲好望角一代，经过多次杂交才形成现在的品种，目前在我国各地均有栽培。唐菖蒲花形别致，花朵鲜艳，与月季花、康乃馨和扶郎花并称为世界“四大切花”。

唐菖蒲的茎直立挺拔，分枝较少，一般高度在50 ~ 150厘米。叶片呈剑形，宽 2 ~ 4 厘米，花朵呈蝎尾状顶生，一般情况下朝同一方向整齐排列。花朵的颜色有白色、粉色、黄色、红色、紫色等。花朵在夏秋季节盛开，蒴果为深褐色，种子呈扁平状。

了解唐菖蒲的生长习性

唐菖蒲喜欢冬暖夏凉的气候，它既不耐严寒，也不耐酷暑，因此需要一个适宜的生长环境。唐菖蒲喜欢阳光充足的地带，所以在我国，虽然各地都有种植，但是西北和东北地区的唐菖蒲所开的花朵是最好看的。

唐菖蒲的设施栽培

栽培唐菖蒲时尤其要注意光照管理和温度管理。它的原产地在非洲的好望角，那里常年为地中海气候，夏季光照充足，冬季温暖。因此养护唐菖蒲，要尤其注意这两点。关于温度问题，适宜唐菖蒲的生长温度为 15 ~ 25℃，当温度过低时就会影响它的正常发育。如果在冬天，夜晚温度较低时，可增加取暖设备（比如热风机、暖炉）来提高大棚温度。

唐菖蒲非常喜欢光照，在栽培养护过程中一定要注意这一点。到了冬季，光照不足会影响唐菖蒲的生长，所以我们需要借助设施来提高大棚内的光照时长。在大棚内，可以按照每平方米有 1 盏 100 瓦的白炽灯泡的标准，在夜晚为唐菖蒲增加光照时间。

除了温度管理和光照管理之外，还需要注意通风。如果生长环境过于潮湿闷热，很容易使唐菖蒲徒长，其根系也会因此滋生细菌，变质腐烂。所以在午后，大棚进行一个小时的通风是非常必要的。

唐菖蒲的多种价值

唐菖蒲除了具有极高的欣赏价值，还有极高的药用价值。它可以解毒散瘀，止疼消肿，是治疗跌打损伤的常用药物，不仅可以内服止痛，还可以外用祛毒，非常实用。唐菖蒲对氟化氢非常敏感，所以它也是监测污染物的重要植物。

在西方，人们非常喜欢唐菖蒲，经常把它视为喜乐、和睦的象征。

婚礼、宴会等重要场合都会出现它的身影。

如何科学合理养护养殖百合？

百合，别名卷丹、蒜脑薯、中逢花等，为百合科百合属，是多年生草本花卉。原产地位于中国、朝鲜、日本等地，目前在世界范围内均有栽培。百合的品种很多，有香水百合、麝香百合、山丹百合等。百合花期较长，花形典雅，是世界著名的花卉之一。

百合的地下变态茎为球形，鳞茎由阔卵形的鳞片组成，茎直立挺拔，高 0.7 ~ 2 米。颜色为绿色。叶互生，呈狭线形，无叶柄，直接生长于茎秆上。花朵呈漏斗状或喇叭状，颜色多为白色、粉红色、黄色等。蒴果形状为长圆形，花期持续较长，一般在 5 ~ 6 月，果期一般在 9 ~ 10 月。

适宜百合的生长环境

百合喜欢凉爽干燥的环境，不耐高温和水涝，但耐寒，对土壤并没有太高的要求，但是一般选用排水良好、肥沃疏松的土壤，这样的土壤可以确保生长出来的百合色泽鲜艳，饱满丰盈。进入春季后，需要在土壤中施加充足的氮肥和磷钾肥，确保生长旺盛期的百合可以有较多的养分。

百合的栽培管理

百合的繁殖方法有三种，分别是鳞片繁殖、子球繁殖、珠芽繁殖。鳞片繁殖就是将百合发育成熟的鳞片取下，扦插到沙质土壤（包含沙土、珍珠岩、苔藓等）中，等待 1 个半月到 4 个月，就会形成很多小鳞茎。这种方法是百合繁殖方法中最常见的。

子球繁殖是指百合接近地面的茎节会有很多子球，将子球摘下来重新繁殖，就可以长出新的植株。而球芽繁殖的方法是指某些品种在叶腋中会生出一些株芽，利用这些株芽就可以自然生根发芽，繁殖出新的生命。

百合在生长的过程中需要充足的水分，但是一般在发芽前，是不需要过多浇水施肥的。不过如果土壤过于干燥或者中午的温度过高，就可以采用浇水或喷水的方式，来为百合补充水分，不然花朵很容易得病。

百合喜欢阳光充足的环境，经过阳光的照射，花朵也会更加美观，因此，如果遇到阴雨天，就需要在大棚内适当增加人工照明，可采用高压钠灯代替光照，当然，如果光线太强，也需要利用遮光网进行遮蔽处理。

食用仙人掌应采用什么方法栽培？

仙人掌非常耐旱，即便是在少雨的环境也能成活。墨西哥被称为“仙人掌之国”，由于仙人掌太多，当地的人们经常食用仙人掌。仙人掌营养丰富，富含矿物质、蛋白质、纤维素等。它的原产地位于热带地区，不过目前在世界各地，包括我国各地均有栽培。

仙人掌的茎呈掌状，颜色为绿色。茎片的表面有较厚的角质层，可以有效阻挡水分流失。茎的表面有坚硬的小刺，小刺呈规律排列。仙人掌的花朵较大，颜色艳丽，有橙红色、深黄色等。仙人掌的果实多肉多汁，呈梨形或者椭圆形。

仙人掌的生长习性

仙人掌喜欢阳光充足、气候干燥、昼夜温差大的环境。但是仙人掌所处的温度也不宜过高，超过35℃它就会进入休眠状态，暂停生长。所以还是应该让仙人掌处在一个温度适宜、空气清新的环境中，如果可以施加一些腐熟的有机肥，保证强光照射，那就更能促进它的生长了。

仙人掌的栽培管理

仙人掌品种多样，有梨果仙人掌、胭脂仙人掌、量天尺等。一般，通过有性繁殖和无性繁殖的方法来培育仙人掌后代。有性繁殖的方法主要是指授粉、采种、播种育苗等。无性繁殖就是指扦插或者组织培养繁殖。

光照是仙人掌生长关键的因素之一，为了充分利用阳光，不仅要考虑温室的整体设计，还要考虑棚膜的材质。温室的屋顶仰角和侧墙高度必须合理设计，棚膜应该采用不结露的无滴膜。进入冬天，还需要利用人工设备为仙人掌增加光照。

虽然温度和湿度对于仙人掌生长来说并不是最重要的因素，但是如果可以将两者控制在一个合理的范围内，那么仙人掌就会生长得更快更好。一般而言，55% ~ 65%的湿度对其较为适宜。在夏季高温状态中，还要注意及时通风，尽量在早晨或者傍晚为其浇水，冬季则在晴朗的上午进行。

虞美人的生长过程有哪些特点？

虞美人，又名丽春花、赛牡丹，是罂粟科罂粟属，一年生草本植物。关于虞美人还有一个动人的传说。楚汉相争时，西楚霸王项羽兵败，虞姬乌江自刎。相传虞姬的墓上长出了像鸡冠花一样美丽的花朵，当地的人们就使这种花为虞美人。传说归传说，但虞美人在开花时花瓣薄如蝉翼，光洁如丝，让人十分喜爱。

虞美人原产于欧洲，现在在世界各地均有栽培。虞美人耐寒怕暑热，喜欢阳光充足的环境，需要种在肥沃疏松、排水良好的沙壤土中，适宜生长的温度为 5 ~ 25℃。

虞美人和罂粟的区别

虞美人和罂粟虽然在外观上看起来非常相似，但是实际上，它们是不同品种的花。首先，虽然两者都是同一个属、同一个科，但学名不同。其次，虞美人的茎上有非常明显的绒毛，而罂粟全株细腻光滑。再次，从花朵上来看，虞美人的花瓣多是四片，颜色各异，而罂粟的花朵以红色为主，边缘会开裂。最后，从植株高度来看，虞美人的植株比较细弱，而罂粟的高度比虞美人的要高，整体更高更壮。

因此，从学名、茎、花朵、植株高度这几个方面，就可以清楚地区分虞美人和罂粟两种植物的差异。

虞美人的栽培要点

虞美人是通过播种繁殖的，在我国，基本上在 9 月下旬播种，同时要对其进行覆盖保护才能越冬，之后它们会在春天开花。当然，如果气候凉爽，在 4 月初直接露地播撒，到了夏初它们就可以自然开花了。

种子出苗后，应仔细间苗两次，使幼苗簇状生长。开花后，要非常注意肥水管理，不宜大肥大水，如果有积水，一定要及时排除，否则会因为湿热而造成花蕾脱落。

虞美人属于观赏类植物，具有较高的欣赏价值，无论是花坛、花境还是庭院，都非常适合成片种植，以达到最佳欣赏效果。

虞美人可以“以毒攻毒”的原因

虞美人全株有毒，但是全株均可入药，由于其富含生物碱，误食会造成中枢神经系统中毒，严重时会导致生命危险。不过这种生物碱的成分还具有镇咳、止泻、镇痛、镇静等功效，因此我们才说虞美人可以“以毒攻毒”。

美人蕉的生长和繁殖特点都有哪些?

美人蕉，别名红艳蕉、红蕉、小芭蕉、小花美人蕉等，是美人蕉科美人蕉属，为多年生草本球根花卉。美人蕉茎壮叶茂，花朵颜色明丽，花期持续时间长，是园林绿化、家具盆栽的首选。

通常情况下，美人蕉的高度为 60 ~ 150 厘米，具有肉质根状茎，叶面宽大，像芭蕉叶。花朵从茎顶抽出，颜色一般为红色、黄色、红黄双色、橙色等。其果实名叫蒴果，种子是黑色的。整体来看，美人蕉的形态并没有像它的名字那样娇弱，而是高大健壮，易于栽培。

美人蕉的生长环境

美人蕉原产于热带美洲，不过在我国各地均有栽培，其喜阳、喜温暖，不耐寒，怕霜冻，比较畏惧强风。喜欢肥沃的土壤，耐湿但不耐积水。美人蕉的花期较长，一般可以从 6 月延续至 11 月。

美人蕉的繁殖方法和栽培要点

我们通常采用分株法来繁殖美人蕉。每年的 3 ~ 4 月将根茎挖起，每 2 ~ 3 株为一段种植。也可用种子繁殖，春季播种之后，当年就会开花。

就栽培而言，美人蕉是一种适应力很强的花卉，我们粗放管理即可。在春季栽植后，可以施腐熟肥，在开花之后继续施 2 ~ 3 次肥料。进入秋天后，天气变凉，霜后为其剪去地面上部的枯枝烂叶，并在植株周围施上肥料，加上壅土防寒。在入冬前，应将根茎挖起，将其沙藏于向阳且不结冰之处，等来年春天再将其种下。

美人蕉：吸收氯气的花卉天使

美人蕉在生长过程中会吸收氯气、二氧化硫等有害气体。换句话说，美人蕉能够对氯气作出检测，当美人蕉被放置在有氯气的环境中，它会不断吸收氯气，叶片会由绿色变为白色。因此，美人蕉是吸收氯气的好帮手。

除此之外，美人蕉根茎是制造纸张和人造纤维的原材料，而其花朵还具备药用功能。加之美人蕉适应环境的能力很强，并不娇贵，所以非常适合栽培。

能够检测氨气的杜鹃应如何养护?

杜鹃，又名映山红、杜鹃花、山石榴，为杜鹃花科杜鹃花属，是多年生植物。原产于我国，它花形独特，为国人所喜爱，1985 年 5 月，杜鹃被评选为“中国十大名花”之一，很多城市也将杜鹃定为市花。

杜鹃的株高一般在 2 ~ 5 米，分枝较多而且枝干纤细。叶片为革质，形状为椭圆状卵形或倒披针形，先端变尖，边缘有细小锯齿，叶片正面为深绿色，背面为淡绿色，有时会有些发白，叶柄较短。花朵的形状为宽漏斗状，一般有 2 ~ 6 朵，盛开在枝头，颜色为深红色或者鲜红色，花期一般在 4 ~ 5 月。蒴果，卵圆形，果期一般在 6 ~ 8 月。

杜鹃的生长环境

杜鹃喜欢阳光充足、凉爽湿润的环境，怕高温，进入夏季，一定要对杜鹃进行遮阴处理，最高温度不宜超过 35℃，一旦温度过高，杜鹃就会进入半休眠状态，花叶生长受到抑制，严重时影响植株的生命。杜鹃虽然耐寒，但是进入冬季，也要注意保暖问题，必要时采取防寒措施。

杜鹃忌碱性土壤，喜欢酸性土壤，很多植物学家用杜鹃作为测量土壤是否为酸性的指标性植物。在栽培时，可以选择肥沃疏松、排水良好的酸性土壤。

杜鹃的栽培管理

杜鹃的繁殖方法有扦插法、播种法、分株法等。其中以扦插法最为常见，利用此种方法，杜鹃的成活率较高，繁殖的数量和质量都较好。扦插法是通过取下生长状况良好的半成熟枝条来作为插穗，进行扦插，当然也可以根据季节不同采用不同的繁殖方法，如春季使用压条法，夏季使用枝接等。

适宜杜鹃生长的温度为 15 ～ 25℃，而适宜它发芽的温度为 13 ～ 18℃。因此在栽培时一定要为它营造一个适宜生长的温度。杜鹃喜欢湿润的土壤，但并不能积水过多，因此，保证土壤潮湿即为最好的方法。除了土壤之外，杜鹃对空气湿度的要求很高，在露天地带，空气湿度下降会让叶片变得不那么清新透亮，所以要经常保持其周围空气较大的湿度。

杜鹃的植物文化

杜鹃不仅是中国不少城市的市花，在古代也经常出现在诗人的诗词当中。杜鹃不仅具有极高的观赏价值，还具备很好的药用和经济价值。除此之外，它还是监测硫化物和氯气的理想植物。

关于桃花的栽培我们应知道哪些？

“人间四月芳菲尽，山寺桃花始盛开。”提到桃花，我们的脑海中一定会想到片片粉红花瓣上沾着滴滴晶莹水珠的美好画面。的确如此，到了桃花的花期，桃花林芳菲烂漫，令人陶醉。

桃花，又名碧桃，是蔷薇科李属，为落叶小乔木。观赏性桃花的主要品种有碧桃、寿星桃；而果树类的品种主要有油桃、蟠桃。

一般而言，桃树高 2 ～ 10 米，形态宽阔，树冠呈张开状。树枝多为绿色或褐色，叶片呈椭圆状披针形，其边缘形状为粗锯齿。花朵从侧边生长出来，一般为单朵。

食用性桃树上的花瓣多为粉红色，单瓣；而观赏性桃树的花朵则颜色各异。碧桃，又名粉红碧桃，花朵为粉红色，重瓣；寿星桃，又名矮脚桃，花朵为白色或红色，适宜盆栽；紫叶桃，顾名思义，叶子为紫红色，花朵为深红色；垂枝碧桃，叶片是下垂的，花重瓣，颜色有白色、深红色、洋红色、淡红色等。

桃花的生长环境

桃花原产于我国西北等地。桃花喜欢阳光充足、温暖干旱的环境。既耐高温，又耐严寒，这一特性我们可以从它的原产地——我国西北地区就可以看出来。由于地理位置的独特性，西北地区白天气温高，夜晚气温低，所以桃花必须经得住高温和低寒。需要注意的是，桃花在低于25℃之下的温度中容易冻坏，因此还需要在夜晚对其进行保暖。桃花对于土壤的要求和月季一样，适宜生长在肥沃疏松、排水良好的沙壤土地中。

桃花的繁殖方法和栽培要点

桃花的繁殖主要以嫁接为主，也可压条。通常采用切接或者芽接的方法。砧木可选用杏、毛桃或者山桃。

栽培的时间应选在落叶后，那时就可以对桃树进行移植或定植了。冬季时，应对其长枝进行修剪，保持树冠的整齐，同时还要施肥一次，并在开花前、5 ~ 6 月再追加施肥各一次。花开之后，很容易发生病虫害，比如桃缩叶病、桃粉蚜等，在这一时期要及时防治。

桃花对于硫化物和氯气的监测

当空气中明显出现氯气或硫化物时，桃花的花瓣上就会出现很多斑点，随后慢慢枯萎直至死亡，因此，我们可以通过桃花来对硫化物和氯气进行监测。

饱含人间深情的秋海棠是怎样养护的?

秋海棠，又名秋花棠、海花、相思草等，为秋海棠科秋海棠属，是多年生草本植物。秋海棠原产于我国，尤以长江以南的省区为多。它花形柔媚，颜色鲜艳，经常被人们用来装点家居，是人们日常生活中常见的盆栽。

秋海棠的株高一般在50～70厘米，茎直立呈球形，在茎的上端会产生分枝，茎的表面光滑。秋海棠的叶片呈宽卵形，先端变尖，边缘有细尖锯齿，颜色通常为绿色。在叶腋间会生长出珠芽，落地之后会生出新苗。花朵的颜色一般为淡红色、淡黄色等，花期为8～9月。蒴果。

秋海棠的生长环境

秋海棠喜欢阴凉的环境，怕阳光直射与干旱。所以在家庭种植时应避免秋海棠在太阳直射下生长，同时，还要注意排水，因为秋海棠也怕水涝。

秋海棠的栽培和养护

秋海棠一般采用播种法和扦插法进行繁殖。播种法是指种子随采随播，在种植盆中放入沙质土壤，将种子均匀撒在土中，不需要再覆盖土，同时保持土壤湿润，确保盆底的排水流畅，在盆土上盖上玻璃盖，等待一周，待出苗后将玻璃取掉，然后将幼苗移植。如果在春季移植，那么当年就可以开花。

而扦插法分为叶插法和茎枝插法。叶插法就是选取生长较好的叶片将其切下，将叶片斜插进插床上，一个月叶片就可以生根。或者利用茎枝插法，将一段健康无病虫、带有两三个幼芽的枝条剪下作为插穗，插入基质中，在适宜的生长环境下，一个月枝条就可以生根。

秋海棠的植物文化

秋海棠是中国著名的花卉，清丽动人的外形让人心生欢喜，它除了具备极高的观赏价值外，还有着极好的药用价值。在云南白药中，秋海棠具有止血消肿的功效；在苗药中，秋海棠还有健胃、驱虫的功效。

秋海棠又被人们称为“相思草”，据说看到它，人们的心中就会涌上淡淡的哀伤。而在国外，秋海棠象征着纯洁的友情，抑或真挚、关切的情感。

如何科学合理地养护梅花？

梅花是中国十大名花之首，它与兰花、竹、菊花并称为“花中四君子”。在中国，梅花历来都是高洁的象征，它在冬天傲霜开放，不屈不挠，为古今的文人墨客所喜爱。梅花为蔷薇科杏属，是落叶小乔木。梅花原产地位于中国、朝鲜等地，广泛生长于我国的长江流域。

梅花的株高一般在 4 ~ 10 米，树皮为深灰色或深褐色。叶片的形状为椭圆形卵状，先端边尖，边缘有细小锯齿，成熟后脱离于枝端，叶柄长 1 ~ 2 厘米。花瓣为倒卵形，颜色为白色、粉红色或红色，花期在冬季和春季。果实的形状近乎球形，颜色是黄色或白绿色，果期在 5 ~ 6

月。梅花的品种多样，不同的品种在形态特征上都有一定的区别，常见的梅花品种有朱砂梅、宫粉梅、红梅、照水梅、绿萼梅等。

适宜梅花生长的环境和繁殖方法

梅花喜欢温暖的环境，具备较好的耐寒能力。在生长期期间，梅花需要充足的阳光，在栽植后，需要让梅花多接触阳光直射，即便是已经开花的冬季，也需要使其大量接触阳光，这样花朵才会开得娇艳欲滴。梅花喜肥，喜欢疏松肥沃的酸性土壤。

梅花的繁殖方法有很多种，比如播种法、扦插法、压条法，但是最常用的是嫁接法。用嫁接的方法可使原种保持优良的特性，还可以促使幼苗的发育，尽早开花。嫁接后遇到干旱的天气要及时浇水，碰到雨水较多时还需要及时排水，为梅花提供一个良好的环境。

梅花的栽培管理

梅花的生长不需要过多的水分，如果浇水的次数或者水量太多，就会造成积涝，影响正常生长。所以给梅花的浇水原则应是“见干见湿”，保持湿润偏干的程度。梅花喜肥。在开花时，可适当施加磷钾肥，减少氮肥的比例，这样可让花朵开得更鲜艳。但是梅花不喜浓肥，注意不要施加浓度太大的肥料。

除了肥水管理以外，还可以针对不同的类型进行对梅花管理，比如盆栽管理、露地管理、切花管理等。

在梅花的生长过程中，还会经常遇到一些病虫害，例如卷叶病、炭疽病、桃粉大蚜、红蜘蛛等。在实际养护中也一定要经常关注梅花的生长动态，确保梅花可以健康安全生长。

为什么牵牛花会对光化学烟雾敏感？

牵牛花，形状像一个喇叭，因此又名喇叭花，是旋花科牵牛属，为一年生缠绕草本花卉。牵牛花一般在春天播种，夏秋开花，是我们平时较为常见的观赏性植物。

牵牛花的茎可长达3米，植株整体为粗硬毛，叶子接近卵形或者心形，有的品种也像圆形。花朵直径可达10厘米，呈现漏斗状，花朵顶端有5道浅色的裂纹。通常花朵呈现白色、紫红色、蓝色、红色等颜色，还有蓝色或红色的花冠伴有白色边缘的，果实为球形。

牵牛花的生长环境

牵牛花原产地在亚洲的热带地区，现如今，世界各地随处可见。牵牛花绕藤蔓生长，不择土壤，喜欢阳光，耐旱但不耐寒，可以自播。花期一般在初夏至深秋，果实成熟期是在8～10月。

牵牛花繁殖方法和栽培要点

4月中旬，将牵牛花种子撒播于露地苗床，气温适宜的情况下，种子很容易生根发芽。牵牛花的幼苗较大，因此需要间苗后被定植在园地中，间隔约50厘米。牵牛花的茎会不断生长，攀缘在花架上面。花朵会在早上开放，中午闭合。

牵牛花是检测光化学烟雾的理想植物

光化学烟雾是一种对生产和生活有害的刺激性红棕色烟雾，是因化石燃料的燃烧所产生的污染物。在植物界，有一些植物对这种污染物非常敏感。农作物中有棉花、甜菜、莴苣、菠菜、番茄等，而在观赏性的植物中，有牵牛花、兰花、菊花等。光化学烟雾中的一些成分会影响植物细胞的渗透性，植物一旦接触，叶片会立刻呈现蜡质状，绿色渐渐消失，取而代之的是红褐色（臭氧所致）、古铜色或银灰色（过氧乙酰硝酸酯所致）的斑点。如果长期暴露在光化学烟雾中，植物会降低自身抵抗病虫害的免疫力，遗传能力下降，最终失去生命。

日本曾发生过严重的光化学烟雾事件，相关学者通过牵牛花来检测光学烟雾，结果与仪器测量的一致。因此，牵牛花已经被世界公认为监测光化学烟雾的理想植物。

“花中之王”的牡丹该如何科学养护？

牡丹，又名富贵花、洛阳花、百雨金等，为毛茛科芍药属，是多年生落叶灌木。牡丹原产地为中国，花色艳丽，花姿华贵，国色天香，是“中国十大名花”之一。自古以来，有很多赞美牡丹的诗句，刘禹锡的“唯有牡丹真国色，花开时节动京城”，白居易的“绝代只西子，众芳惟牡丹”。从这些脍炙人口的诗句中，我们感受到了牡丹的华美。

牡丹的株高一般在1～2米，茎较为光滑，颜色为灰色或者灰绿色，易分枝，分枝短而粗。叶互生，形状为长圆卵形，先端细长。叶片为翠绿色。花朵个头较大，直径在12～25厘米，颜色有红色、黄色、粉色、紫色等。花萼有5～6片，花期为4～5月。目前，已知的牡丹品种有300多种，著名的产地有河南洛阳、安徽亳州、山东菏泽。

牡丹的生长环境

牡丹喜欢排水良好、阳光充足的肥沃土壤，因此在种植牡丹时，应选择排水流畅的畦地，而不是容易积水的洼地。牡丹喜肥，因此土壤需要选择肥沃疏松的沙质土壤，酸碱度最好为中性。牡丹耐旱，等到盆土干燥时再浇水，一定要保持“宁干毋湿”的原则。无论是春夏秋冬哪个季节，都需要注意排水防涝，否则牡丹很容易死亡。

在为牡丹施肥时，一定要选择氮磷钾肥料，注意控制三者比例，为了让花朵更加鲜艳，肥料可以主要以磷肥为主。春季可施加肥料，夏季和冬季尽量少施肥。

牡丹的栽培管理

春季，牡丹不宜过早出室，否则一旦遭到寒流袭击会造成冻伤；夏季温度过高，可以停止施肥，同时可以将牡丹移至阴凉处，避免阳光暴晒。秋季，应当加强排水，保证每天充足的日照时间，并且适度施肥。到了冬季，施肥停止，同时还要确保最低温度适宜，以防牡丹冻伤。

牡丹容易发生落叶现象，最好是将其筑台栽培，加强通风、排水管理，避免潮湿闷热的环境。同时，一定要注意病虫危害，例如锈病、线虫病等，都会影响植株的正常生长。

牡丹被称为“花中之王”，我们只要找到了科学合理的养护方法，就一定能培育出娇艳欲滴牡丹的花。

能够监测臭氧的丁香应如何养护？

我们一般所见的丁香，是指紫丁香，又名华北紫丁香、情客、龙梢子等，为木樨科丁香属。原产地位于中国华北地区，现在世界各地尤其是欧洲均有栽培。紫丁香因其高贵的香味在世界范围内广受好评。

紫丁香株高最高可达到5米，树皮颜色为灰色或褐色，上面开小枝，小枝较为粗壮。叶片对生，形状为卵圆形或者肾形，到了先端部位变成尖长形，叶柄一般长1～3厘米。圆锥花序，未盛开时为球形，盛开后，花瓣有4片。虽然名称紫丁香，但是其颜色不一定都为紫色，有时为白色，有时为淡粉色，但大部分情况会盛开紫色的小花。紫丁香的花期为5～6月，杲期在6～10月，果实呈倒卵状椭圆形，先端变尖。

紫丁香的生长环境

紫丁香喜欢光照充足、温暖湿润的温带气候，具备较好的耐寒性，因此我国的华北地区就是紫丁香生长的理想地点。在盆栽或庭院种植时，一定要避免低洼之处，紫丁香忌积涝，积水过多会影响正常生长，严重时植株死亡。紫丁香喜欢肥沃疏松、排水良好的土壤，也耐贫瘠，适应能力较强，只要将其放在阳光充足之地，配以良好的生长环境，紫丁香一定会旺盛生长。

紫丁香的栽培管理

对于紫丁香的繁殖，人们一般采用三种方法，分别是播种繁殖、扦插繁殖、分株繁殖。播种繁殖是指在春季（多指北方）于花盆内或者露地上播种，温度尽量维持在10～22℃，半个月后，种子就会生根发芽。而扦插则是在开花后一个月，选择一条生长状况良好的枝条作为插穗，插穗经特殊处理后便可插进土壤中，一个月左右即可生根发芽。需要注意的是，在栽种时，一定要选择阳光充足的地带。

浇水方面，一定要在栽植时就浇透，之后每隔10天即可浇一次。根据地区不同，浇水的情况也需要合理安排。春季是紫丁香开花的旺季，因此需要多浇水；进入夏季，雨水较多，此时需要排水防涝；进入秋冬季，天气较为干燥，应提早做好浇水准备。

紫丁香耐贫瘠，因此可以少量施肥或者不施肥。不过在其开花期间一定要施加氮磷钾肥，注意控制氮的比例，否则容易造成植株徒长，影响花朵的正常生长。

萱草有哪些特点?

萱草，别名萱花菜、鹿箭、忘忧草等，是百合科萱草属，为多年生宿根草本花卉。也许你会说，我从来都没有见过萱草，其实生活中你一定碰到过，我们常吃的金针（也叫“黄花菜”）就是萱草的其中一个品种。因此，萱草不仅是名花，还是佳肴。在我国，萱草也被称为“母亲花”，当孩子即将远行时，他们就会在庭院里种上萱草，希望减轻母亲对自己的思念，忘却忧愁。

萱草的叶子是带状披针形，众多的叶子聚集起来生成丛。茎粗短，根为纺锤形块。萱草的花冠呈长漏斗形，花被为长椭圆形。花朵的颜色多为橘红色或橘黄色。蒴果内有少量黑色种子。萱草包括不同的种类，如千叶萱草、长筒萱草、玫瑰红萱草、大花萱草等。

萱草的生活习性和繁殖方法

萱草原产于我国的中南部，不过近几年在欧美等地区也栽培盛行。萱草在华北大部分地区可以越冬，不过，如果位于东北严寒地带，那就需要在根茎部埋些土来防寒。萱草耐寒，也耐旱，喜欢阳光充足的地方。适宜萱草的土地应该是排水良好、富含腐殖质的湿润土壤。

萱草的花期在 6 ～ 7 月，可以采用分株法繁殖，在春季或秋季进行。分株下来的幼苗在当年就可以开放。如果采用插种的方式，出苗需要一个月的时间，开花则需要两年。

萱草的栽培要点

播种萱草时，穴行距要保证在 0.5 ～ 1 米，每穴保证 3 ～ 5 株。种植前要施入基肥，同时需要经常灌水，以保持泥土湿润。萱草的种植地点也多种多样，可以在园地隙地或者林下，也可以在花境、路旁、岩石旁自然栽植。

萱草用途广泛

萱草可以用作染料。在现代染料诞生之前，萱草经常被人们作染料所使用。

除此之外，监测氟污染也可以称得上是萱草的一项独门绝技。当空气中氟过量时，萱草就会产生反应，其叶子的尖端，会呈现褐色的斑点，因此，它被人们视为监测氟污染的指针植物。

神似于牡丹的芍药栽培特点都有哪些？

芍药，又名将离草、没骨花、余容等，为毛茛科芍药属，是多年生宿根草本植物。原产于我国华北、东北地区，俄罗斯等地也有野生品种。现在，全国各地均有栽培。芍药拥有极其悠久的历史，在中国古典园林中就曾出现过芍药美丽的身影。芍药的名贵品种有很多，有着极高的欣赏价值，有“花中宰相”之称。

芍药的根为肉质根，呈纺锤形。茎较为粗壮，长度为40～80厘米，茎的基部为圆柱形，颜色大多呈灰色或紫红色。叶互生，二回三出羽状复叶，边缘有细齿，颜色为亮绿色。花朵生于茎顶，直径为8～15厘米，颜色为红色、白色、黄色、紫色和复色等。花期为5～6月，果期为8～9月。

芍药品种丰富，如美丽芍药、草芍药、摘叶芍药等。

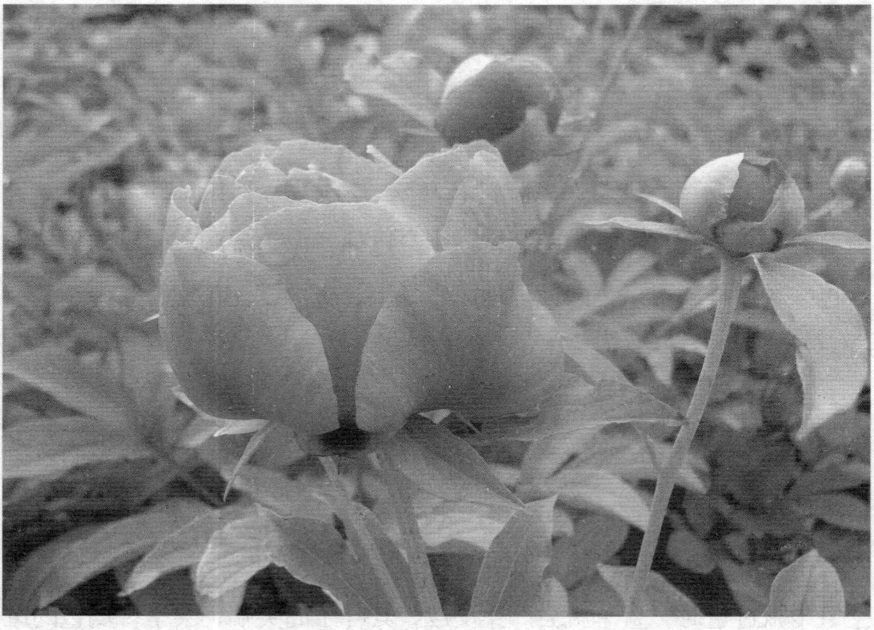

芍药的栽培管理

芍药通常采用分株法和播种法进行繁殖。芍药分株的时间与一般的植物不同，一般的植物是在春季分株，但是芍药却不行。人们曾在山东菏泽地区做过实验，在春季分株，芍药来年植株的成活率非常低。针对芍药的特殊性，花农还创造了一句谚语“春分分芍药，到老不开花”。所以有经验的花农都会选在 8 月下旬至 9 月中旬分株。

在播种繁殖方面，应当在芍药种子成熟时就立刻播种，成熟的种子播种越早，成活率就越高，相反播种越晚，发芽率也会越低。播种后，当年的秋季只会生出小根，等到来年春天来临才会破土而出。如果采用播种法，一个发育良好的幼苗需要等上 5 年左右才会开花。

区分芍药和牡丹

芍药和牡丹自古以来就相伴而生，人们称它们为“花中二绝”。不熟悉的人们经常把它们搞混，其实如果仔细观察，还是能从中找到一些不同的。

首先，牡丹是“花王”，芍药是“花相”，单从花朵的大小来看，牡丹花其实是更大的，而芍药花要比牡丹花小一些。其次，牡丹的茎是木质茎，不会轻易枯死，但是芍药为草质茎，落叶之后，地上的茎就会渐渐枯死，由于这个特征，芍药又被称为“没骨花”，而牡丹则被称为“木芍药”。最后，从叶片来看，牡丹的叶片在先端会分裂，而芍药的先端是尖的，没有分裂。

菊花的设施栽培是怎样的？

菊花，又名秋菊、帝王花、九花等，为菊科菊属，是多年生宿根草本植物。原产地位于中国，现在世界范围内均有栽培。在我国，菊花有着独特的意义，它象征着高风亮节、洁身自好的优秀品质，为文人墨客所喜爱。目前，切花菊花已经拥有了巨大的市场，日本是最主要的切花菊花的消费国。

菊花的株高一般在 60 ~ 150 厘米，茎为绿色或紫褐色，有灰色的绒毛。叶互生，为卵形或披针形，边缘有锯齿状轮廓，叶背有柔软的绒毛，叶柄较为粗壮，托叶依品种而决定。一般为花序单生或聚生于茎顶。花朵的直径为 2 ～ 30 厘米，形状为条形，颜色丰富多彩，有黄色、红色、白色、紫色、橙色等。花期一般在秋季，为 9 ～ 10 月。结褐色果实，个头较小。

菊花的生长环境

在春天，菊花喜欢阳光充足的环境；进入夏季，菊花怕烈日曝晒；喜欢凉爽的气候，秋季是菊花盛开的时期。在养护期间，要保证菊花的生长温度维持在 18 ～ 21℃，最低不能低于 10℃，否则菊花很容易遭受冻伤。菊花忌水涝，耐旱，喜欢地势高、排水良好、疏松肥沃的土壤。

菊花的繁殖与栽培管理

菊花的繁殖一般采用分株法和扦插法两种方式。分株法主要是将蘖芽从根部分开，再栽植进花盆中，5 ～ 10 天即可成活，生根发芽。而扦插则有芽插和枝插两种方法，有时，人们还会采用嫁接法，选用青蒿或白蒿为砧木，用劈接的方式进行嫁接。有条件的还可以利用组织培养法，在 MS 培养基中，加入 6-BA 与萘乙酸进行培养，在日光灯的照明下，10 天左右就会生根。

对菊花的肥水管理相当重要。由于菊花对积涝很敏感，所以在盆花栽培时注意适度浇水：生长期可以少浇一些，开花时可以多浇一些。同时浇水时应遵循“不干不浇，浇则浇透”的原则。可在早上 8 ～ 10 点之间浇水。

菊花是喜肥植物，生长期时可增加尿素、氮、磷、钾等肥料，在开花期，要控制氮的比例，适度增加磷钾的比例，这样做的目的是促进花芽的分化，有利于花朵开得更好。

第四章
多肉植物栽培

多肉植物以其别致的形态、奇异的根茎、有趣的叶片和美丽的花朵赢得了人们的喜爱，它们不仅拥有着可爱的外表，还具备顽强的生命力，不需要人们时时看护，只要环境大体适宜，就可以持续生长。多肉植物不仅可以净化空气，更为我们带来视觉上的美好体验。

彩春峰应如何合理养护?

当彩春峰出现在我们面前时，我们一定会惊讶于它奇特的造型，赞叹于它的多变色彩。其实，彩春峰这个品种，是春峰之辉锦的变种，原种叫帝锦，是多年生植物，别名春峰锦。春峰之辉锦，为大戟科大戟属。

彩春峰的茎是扁平的，呈现鸡冠状，边缘是锯齿状的龙骨突起，朝横向生长。彩春峰的性状很不稳定，在栽培的过程中经常会发生色彩变异的现象。目前来看，市面上的彩春峰有暗红色、乳白色、淡黄色以及花纹各异的复色。彩春峰的整体造型像鸡冠，独具风格，同时色彩丰富多变，观赏性极强，给人奇妙的体验。

养殖彩春峰的常见问题

养殖彩春峰有两个常见问题：一个是掌状变态茎长出原种的柱状肉质茎，另一个是肉质茎很容易腐烂。要想解决这两个问题，一个方法是要营造适宜彩春峰生长的环境，避免阴暗、潮湿、闷热的地方，避免施加过多的水肥，另一个方法就是注意通风。只要注意好温度、空气等问题，彩春峰就可以健康生长。

彩春峰的四季养护

春季时，可以将植株与砧木做嫁接，砧木可选取帝锦或霸王鞭。可选择“鸡冠”部分作为小块接穗进行嫁接，无论是采用平接还是劈接，一周之后基本可以愈合并成活。彩春峰喜欢干燥、阳光充足的环境，春季雨水充沛，尽量避免盆土过湿。

夏季天气逐渐转热，虽然彩春峰属于夏型种，但是生长环境的温度不能过高，如果过于闷热，根系容易腐烂死亡。同时，也不能将其放在阳光下直射，避免灼伤。此时，可以停止施肥，空气干燥时，可以为植物适当补充水分。

秋季空气温度降低，可适当补充阳光。肥料继续补充，可每月施加一次以磷钾为主的肥料。在冬季，浇水时将水温控制在5℃以上，低于这个温度植株很容易冻伤。同时，停止施肥，控制浇水的次数。

“彩春峰”名字中的非凡寓意

彩春峰中的“彩”跟“财”发音相似，寓意财源广进，而“春峰”不仅刻画了植株的外形，也有欣欣向荣、朝气蓬勃之意。整体来看，彩春峰以艳丽的色彩、雅致的外形赢得了人们的赞誉。现在，它已经成为年轻受众所喜爱的潮流花卉。

麒麟掌有哪些不为人知的特点?

麒麟掌，又名麒麟角、玉麒麟。与彩春峰是同科同属，均为大戟科大戟属，是多年生植物。它原产于印度炎热干燥的地区，是霸王鞭的变种。

麒麟掌的外观如同它的名字一样：霸气外露。它的茎呈现不规则的鸡冠状，并伴有瘤状的小突起。在“鸡冠”茎的顶端，还会生长出一些倒卵形的绿色叶片。像黄斑麒麟角缀化的叶片，在边缘会呈现淡黄色的条纹，绿色叠加黄色，显得秀雅亮丽。别看麒麟掌的名字和外观都非常霸气，然而在不经意之时，它会在叶子之间生出粉红色的小花。看来，这麒麟掌也有铁汉柔情的一面。

麒麟掌生长过程会面临的问题

麒麟掌在生长过程中，叶片会变黄脱落，同时，也会出现枝叶徒长，生成柱状肉质茎的情况。叶片变黄脱落的两个主要原因：一是冬天温度过低，夏天叶片又经历阳光直射；二是盆内的土壤过于干燥，不利于植株生长。

出现枝叶徒长，是由于为植株提供的营养过多，光照又不是那么充分。像这种大戟科大戟属的植株，一旦生长环境过阴，就会出现徒长现象。总而言之，一定要确保麒麟掌在适宜的环境中生存。

麒麟掌的四季养护

麒麟掌属于夏型种，一般采用扦插法繁殖。在春季，用尖刀割下变态茎的一部分，会发现有白色汁水流出，要立即用草木灰或纸巾蘸吸，防止其凝固。等伤口干燥后，将其插入基质中，将周围环境温度维持在 20 ~ 25℃，大约一个月后就可以生根。麒麟掌的生活习性是喜光喜干。最适宜栽培的土壤立该是疏松且排水良好的沙质土。不宜浇水过多，否则容易造成根系腐烂。

到了夏季，高温闷热会使植株生长缓慢，所以要在“干湿相间而偏干”的基础上适度浇水。可以遮住 50% 的阳光，防止叶片出现脱落，但又要防止过阴。到了秋季，天气稍微凉爽一些，这时就要给予植株充足阳光，同时可以施加一次稀薄肥液。麒麟掌并不耐寒，因此进入冬季后，要将它的生长温度维持在 5℃以上，继续增加日照时间，减少浇水的次数，并停止施肥，保证根系健康，肉质茎生长环境良好。

麒麟掌不为人知的小知识

麒麟掌全株都含有白色乳液，这些白色乳液都含有毒素，如果一旦误食，很有可能造成生命危险，万一不小心进入眼睛，可能会造成失明。虽然麒麟掌的汁液中具有剧毒，但是它也可以吸收甲醛、苯类物质，还可以吸收辐射，因此，将麒麟掌摆在刚装修完的房子中或者电脑桌前，绝对是一个不错的选择。

为什么说虎尾兰是居家必备的绿植？

虎尾兰，又名虎皮兰、千岁兰、岳母舌等，是龙舌兰科龙舌兰属，为多年生草本植物。原产于非洲西部的热带地区和印度地区。

虎尾兰与麒麟掌的茎不同，虎尾兰是根状茎，而麒麟掌是掌状茎，植株整体看上去较为紧凑，叶片坚挺肥厚，呈现深灰浅绿的虎尾状横纹。到夏秋之际，会开出浅绿色或者白色的小花，有淡淡的幽香。主要品种有黄边虎尾兰、银脉虎尾兰等。金边虎尾兰的叶片边缘有金黄色的边，看起来鲜艳动人。

虎尾兰生长和繁殖的注意事项

虎尾兰的叶片基部（根和茎相交的部位）容易出现发黑或者腐烂的现象，造成这个问题的主要原因就是虎尾兰生长的环境温度过低，只要调整好它生长的温度就可以。另一个问题就是虎尾兰叶片容易出现黄色斑点或者干尖，要想解决这个问题，只需避免阳光直射即可。

一般，人们采用分株法和扦插法培育虎尾兰。用刀将母株和子株的根状茎分割，在分割时要确保子株应具备 3 ~ 4 片叶子和一定数量的根系。如果采用扦插法，那么就需要将叶片切成 6 厘米的小段，切口处干燥后将其斜插进基质中。将温度维持在 15 ~ 25℃，静待一个月，就会长出小苗。

虎尾兰的四季养护

虎尾兰为夏型种，在春季时，应隔半个月就为其施一次氮磷钾肥料，土壤适宜选用疏松肥沃、排水良好的沙质土。

夏季温度升高，如果虎尾兰所处的温度高于38℃，那么它就会处于休眠状态，暂停生长。所以在夏季，应该加强通风，适当降低温度。在浇水和施肥方面要节制一些，不然会造成其根系腐烂。

进入秋季，温度会降低一些，这时可以适度增加些阳光，同时，这时养分容易流失，需要每隔半个月施加一次磷钾肥，这样可以增加虎尾兰的抗寒能力。

进入冬季，依然要保证充足阳光，保持适宜温度，不能低于5℃，停止施肥，适度浇水，保持盆土的干燥，避免植株因为潮湿或者温度问题而影响生长。

虎尾兰是居家必备的绿植

虎尾兰不仅具有极强的观赏性，还可以净化空气，它能吸收80%

的一氧化碳、二氧化硫、甲醛等，因此，虎尾兰也有“清道夫”的称号，是居家装饰的首选。

石莲花真的有食用功效吗？

石莲花，又名莲花掌、玉蝶石莲掌，是景天科石莲花属，为多年生草本植物。由于形状像一朵莲花，故有此名。石莲花是标准的莲座状植物，是我们经常可以见到的品种。

石莲花的茎较短，莲座生于短茎之上，叶片呈倒卵状，顶端有小刺，叶片的颜色有浅绿色、墨绿色、白粉色等。春季时开淡红色的小花。整体来看，植株外形美观，像一朵亭亭玉立、悄然绽放的莲花，整齐排列的叶片给人以舒适感。因此，石莲花具备极强的观赏性。

养护和繁殖石莲花的常见问题

经常养石莲花的人一定会碰到这样一个烦恼，那就是植株徒长，没过多久，茎就变得笔直挺拔，上层叶片和下层叶片之间的距离加大，失去了莲花应有的美丽形态。像这种植株徒长现象，主要原因就是营养过剩，肥料施得过多，或者水浇得过勤。规避这类现象的方法是减少光照，减少浇水次数，减少施肥次数。

另一个常见的问题就是叶片容易发黑腐烂，就像虎尾兰会出现的问题一样。面对这类问题，我们应该减少浇水次数，避免植株被大雨冲刷。

石莲花的繁殖主要以扦插法或者分株法为主。扦插法非常简单，可以剪取一叶片，斜插在营养土中，只要保持土壤湿润，半个月就可以长出新芽。分株法也容易操作，将母株基部生根的蘖部分出来种植即可。

石莲花的四季养护

石莲花喜干耐旱怕湿，因此在春天时，应该控制浇水次数，增加阳光照射。实验证明，光线越强，叶片越紧凑，光线越弱，叶片越稀疏，同时还容易出现徒长现象。所以，每个月施一次低氮高磷钾稀薄肥料即可。

石莲花为夏型种，夏天生长并不困难。但仍需注意，夏季的石莲花比较怕闷热潮湿，喜欢清凉，因此，应将温度控制在 18 ~ 25℃。同时，对于石莲花来说，不需要进行遮蔽，只要保证通风良好即可。进入秋季，需要为石莲花补充充足阳光，浇透水，每个月施一次低氮高磷钾稀薄肥料。在冬季，石莲花不耐寒，也需控制最低温度，最低不能低于 3℃。

石莲花的食用功效

石莲花不仅具有观赏价值，还有丰富的使用价值。在台湾街头，有不少商家用石莲花做成饮料售卖。其实，石莲花具有非常多的药用功能。它对痛风、高血压、肝火旺盛等有着良好的治疗效果。

圆叶红司该如何进行健康科学的养护？

圆叶红司，又名丸叶红司，景天科石莲花属，为多年生草本植物。

原产于墨西哥，现在世界各地均有种植。圆叶红司属于红司的一个品种，其余的品种还有龙骨红司和尖叶红司。

圆叶红司的叶片呈卵圆形，比较肥厚，绿色的底色上长出红色的线条。很少有通体为绿色的植株，大部分的圆叶红司都带有红色纹路，按照莲座状排列。夏秋季节开红白色的小花。

圆叶红司的常见问题

在养护圆叶红司的过程中，会碰到叶片颜色黯淡、叶片排列稀疏、叶片表面产生紫色斑块等问题，产生上述问题的主要原因就是植株所受光照不足。如果氮肥过多，就会造成叶片中的绿色增多，红色斑纹减少。

圆叶红司的繁殖方式有分株法和扦插法两种。扦插法就是将其叶片切下，待切口处干燥后，斜插入苗床，等待两周至半个月，就可以成活。而分株法就是利用蘖株另行栽培。

圆叶红司的四季养护

早春和深秋是圆叶红司生长的旺盛时期，在较大的昼夜温差之中，它会生长得更好。春季，圆叶红司喜欢充足的阳光和通风的良好环境，因此，可以适度调整光照和所处位置。在这两个时间段，它耐干喜旱，惧怕潮湿，因此要适量浇水，保证土壤的干燥状态。圆叶红司生长较缓，不需要太多养分，每月施一次稀薄肥料即可，另外还需配有透气疏松、排水良好的沙质土壤。

进入夏季，圆叶红司喜欢清爽通风的环境，因此，要避免直接接触阳光，可适度增加遮挡物，使其处于一个凉快的环境。到了秋季，圆叶红司的生长进度加快，这时应该让其接受充足的阳光，并适当浇水、施肥。冬季温度降低，需要控制最低温度和水分，加大阳光照射。

区分红司家族成员

龙骨红司最为奇特，比起普通的光滑叶片，龙骨红司的叶片上有明显的疣突，而圆叶红司和尖叶红司最大的区别就在于叶片的形状，尖叶红司的叶片细长，而圆叶红司的叶片呈圆匙形。通过以上特点一定能够区分出这三种红司多肉。

如何使雪莲生长得又快又好？

雪莲，景天科石莲花属，多年生草本植物，为原始种。原产于墨西哥，现在我国各地均有栽培。由于外形像莲花，因此人们称之为“雪莲”。

雪莲的叶片呈莲座状排列，形状为圆匙形。叶片肥厚，尖端为褐绿色，基部有白色粉末。春季时会盛开淡红色小花。整体看上去，雪莲的形状标致整齐，洁白剔透，远观犹如一朵盛开的白莲花，令人喜爱。

雪莲的养护和繁殖问题

有时我们会发现，雪莲叶片表面的白色粉末减少了，这是由于叶片经常被人接触，或者光照不够充足。而且雪莲在生长过程中很容易烂根，因此，我们在养护过程中需要排水通风，避免让植株根部处于一个闷热潮湿的环境中。

雪莲的繁殖依然可以分为扦插法和分株法两种方式。分株法就是将蘖部切离母体，待切口处干燥后栽培起来。扦插法就是割下一部分叶片，晾干切口，将其斜插或平放进基质中。

雪莲的四季养护

春季，雪莲喜欢干燥的环境，应将其置于阳光充足的地带，浇水时一定要等到土壤完全干燥后，再将根部浇透。同时避免根部积水问题。由于春季是雪莲的重要生长期，所以在这个时期，要做到每20天施一次氮磷钾的稀薄肥料。相对而言，春季雨水较多，因此，一定要注意避免植株被雨直接淋洒，否则白色粉末会逐渐减少，出现黑腹现象。

夏季，如果湿度过高，它就会暂停生长，处于半休眠的状态。因此，为了让雪莲生长，需要做遮阴处理，适度浇水，并保证其生长环境不闷热潮湿。

进入秋季，可以采用播种繁殖的方法，做到随采随播，温度控制在15～18℃，这样有利于出苗。当出苗后，一定要注意通风排水，防止根部腐烂。这时也是雪莲生长的一个重要时期，适当的光照和水分必不可少。雪莲的生长需要充足的养分，土壤应选择疏松排水、富含钙质的沙质土。每20天施一次混合氮磷钾的稀薄肥料。

雪莲不耐寒，最低温度不能低于10℃，如果可以保证最低温度和昼夜温差，那么雪莲就不会处于半休眠状态。冬季温度低，避免持续浇水，同时要使花盆和土壤都保持干燥，停止施肥。这样雪莲才能又好又快地生长。

养殖黑王子时应注意哪些常见问题？

黑王子，景天科石莲花属，多年生草本植物。它的变异品种包括黑王子黄锦和鳄鱼皮王子。黑王子黄锦的叶片越靠中部，颜色就越呈现黄色，而鳄鱼皮王子的叶片表面有明显的颗粒，摸上去有颗粒质感。

黑王子的叶片呈莲座状排列，颜色为紫黑色，叶片先端变尖。黑王子在夏季开小花，花朵的颜色为紫红色。黑王子是多肉植物中少有的叶片呈现紫黑色的植株，看上去像一位王子一样显得神秘而高贵。它是兼具叶花的小型多肉植物，是适宜居家栽培的观赏性植株。

养殖黑王子时易出现的问题

正常情况下，黑王子的叶片应该呈紫黑色，但有时，黑王子的叶片会变成暗绿色或者暗红色，叶片和其他部分的颜色变淡。造成这个问题的原因就是光照不足，只要将其放在充足的阳光下照射，颜色变淡的问题很快就会解决。除了颜色变淡外，黑王子的叶片也会面临发黄或者腐烂的问题。叶片腐烂，和根系腐烂的原因有着共通之处，那就是浇水过多。在潮湿的环境中，叶片就会腐烂变质。为了避免叶片发黑，要减少浇水，或者减少雨淋。

黑王子属于夏型种，适宜扦插繁殖。切下正在生长的小叶片，将切口处晾干后，进行扦插，或者取下较为成熟的叶片，晾至两天后斜插于基质中，使其在基质里生根发芽。

黑王子的四季养护

春季时，黑王子喜欢干燥的环境，浇水时，应等土壤完全干燥后再浇透。当黑王子的生长环境过于潮湿时，很容易造成徒长，颜色也会变淡很多。春季一定要保证充足的光照和适度的水分，黑王子在春季的生长十分旺盛，温度应该保持在 18 ~ 25℃，每月施肥一次，控制氮肥在肥料中的比例。

夏季高温时，黑王子会进入半休眠期，暂停生长。应转移植株至阴凉的地方，或者加以遮阴和通风，避免将植物灼伤。虽然夏季温度高，但还是要控制浇水的次数和水量，避免植株直接淋雨，在夏季也应停止施肥。

进入秋季，黑王子再次进入一个生长旺盛的时期。在这个季节，应在保证盆土干燥的情况下浇透根系，避免植株淋雨，防止叶片出现发黄腐烂的现象。每月施肥一次，把植株放在阳光充足的地方，增加光照。

到了冬季，增加光照，温度不宜低于5℃，同时减少浇水，施肥活动停止。

如何科学养殖月兔耳？

月兔耳，又名兔耳草，褐斑伽蓝，景天科伽蓝菜属，为多年生草本植物，原产于中美洲的干燥地区。

月兔耳的茎直立挺拔，叶片对生，呈梭形，形状犹如兔子的耳朵，故取名月兔耳。在叶片边缘有褐色斑点，表面有银白色绒毛覆盖。夏季开黄色小花，常见的品种为月兔耳锦。

养殖月兔耳的常见问题

月兔耳的叶片尖部逐渐向下耷拉，根茎和叶片变得纤弱。造成这个问题的主要原因就是光照不足，如果叶片没有得到阳光的充分照射，很容易枯萎。因此一定要在适当的时间让植物接受阳光的照射。

另外，月兔耳也会产生和黑王子同样的问题，就是叶片容易发黄腐烂，所以要避免植株水分过多或直接淋雨，不要让肥料接触茎叶，否则容易腐烂变质。

月兔耳是夏型种，一般采用扦插繁殖的方式。切下 5 厘米的茎段作为插穗，等切口处干燥后便可进行扦插。等待一个月的时间，插穗即可生根。或者切取生长情况较好的叶片，平放在基质上。等待 30 天左右，即可生出小植株。

月兔耳的四季养护

春季，月兔耳喜干喜光，因此要控制浇水次数，增加植株的光照，保持盆土的干燥。在春季，月兔耳生长活动较为旺盛，应每月施肥一次，控制肥料的数量，避免因为肥料过多造成植株徒长现象。

夏季，月兔草喜欢清凉的环境。这时，应控制浇水的次数，适当为植株遮阴，防止植株被阳光灼伤。另外，如果温度过高，可向植株四周喷水，保证植株生长的凉爽环境。但需要注意的是，不要对着植株喷水，不然会造成叶片腐烂。

秋季也是月兔耳的关键生长期，此时应保证植株可以补充充足的阳光，同时不要浇水过多，而是要保持盆土的湿润状态。如果植株超过 20 厘米，可摘除心部来控制高度。

冬季，月兔耳不耐寒，因此要控制最低温度，使植株所处的温度不低于 5℃。这一时期，依然要加大光照。冬季水分不易蒸发，因此，要控制浇水的次数和水量，停止施肥，保持盆土干燥。

如何让星美人生长得更好?

星美人，又名厚叶草、白美人、铜锤草，是景天科厚叶草属，为多年生草本植物。原产于墨西哥的圣路易斯波托西州。我国引进较早，长久以来，普遍受到了人们的喜爱。

星美人茎较短，叶片群生，形状为倒卵球形，颜色为淡绿色，初夏会开淡绿色或者橙黄色的小花。因其叶片多如繁星，所以取名为“星美人”。而因其叶片表面覆盖着淡淡的白粉，人们也称为“白美人”。有时，叶尖处会有紫红色的光晕，像少女害羞的脸庞，给人以清新淡雅、朦胧可爱之感。

星美人在生长中可能遇到的问题

星美人叶片上的白粉容易脱落，主要原因是在生长的过程中，有触碰到叶片的现象，另外，叶片长期接触水，也会使白粉掉落，因此在养护的过程中应注意避免此类行动。另一个常见问题就是叶片失去了之前的钝圆，而变得细长，根系腐烂，最后整棵植株死亡。这个问题的根本原因是浇水过多，盆土过于潮湿，进而发生腐烂现象。

星美人属于中间型种，一般通过分株或扦插的方法来繁殖。扦插法就是利用切下来的肉质茎进行繁殖，而分株法则是将根系的蘖株切下来繁殖，两种方法均可。

星美人的四季养护

春季，将植株置于阳光充足处，叶片尖部会显现粉红色或者紫红色，这就代表植株正在旺盛地生长。这段时期内，星美人喜欢干燥凉爽的环境，因此，要适度浇水，盆土不宜过干或过湿，每月施一次稀薄肥料。同时，春季雨水较多，要避免植株直接淋雨。

夏季，星美人不耐湿热，一旦温度过高，就会停止生长，并进入半休眠期，坏死率极高。因此，要注意通风避阳，适度浇水，防止因盆土闷热潮湿而引起的根系腐烂。

秋季也是星美人的生长旺盛期，此时应加大植株日照时间，适度浇水，保持土壤中度湿润，每月施加一次稀薄肥料。

星美人在冬季比较抗旱，但温度要高于5℃，保持阳光照射，适度浇水，停止施肥，使盆土保持轻度干燥即可。

为什么不能经常触碰松鼠尾？

松鼠尾，别名玉米景天、翡翠景天。为景天科景天属，是宿根多浆植物，原产于非洲、亚洲及美洲的亚热带地区。松鼠尾的枝叶先向上生长再下垂生长，叶成纺锤形，先端有叶尖，紧密排列在茎上，叶片颜色为浅绿色，春季开紫红色小花，每个叶片长1～2厘米，宽0.2厘米。

由于其形状像松树的尾巴，故取名松鼠尾。松鼠尾的观赏性极强，因此是居家盆栽的理想之选。松鼠尾主要的栽培品种叫小玉珠帘，每个叶片的排列更为紧凑，先端不是细长尖的，而是钝圆的。

松鼠尾养护中的常见问题

松鼠尾容易落叶，主要是因为通风状况不良，植株所处的环境持续高温；还有可能是因为浇水过多；另外，如果人们经常触碰它也可能造成叶片的脱落，所以在翻盆时要小心谨慎，以免出现大量叶片被碰落的现象。

除此之外，松鼠尾还会出现叶片排列不够紧凑，植株徒长，丧失应有的形状的问题。针对这个问题，应该及时控制肥料中的氮肥，还要增加日照，防止植株长期处于隐蔽状态。

松鼠尾是中间型种，一般采用扦插的方式繁殖。取下一条生长情况良好的枝条作为插穗，等待切口处干燥便可进行扦插。另外，也可选择叶插——选择饱满厚实的肉质叶，平放于苗床上，等待半个月或者一个月，就可生出新芽。

松鼠尾的四季养护

春季，松鼠尾喜欢光照充足、凉爽干燥的环境，因此应使植株置于阳光充足的地带，适度浇水，保持盆土的干湿相间，防止积水，否则容易出现烂根的现象。这时的松鼠尾处在生长旺盛的时期，应该每个月施加一次稀薄肥料，注意氮肥不宜过多，不然会导致徒长。在土壤选择上，应该选取排水良好、疏松肥沃的沙质土。

夏季，松鼠尾不耐高温闷热，因此一定要将其放置在通风地带，同时可以在周围的空气中喷些水，保证一个凉爽的生长环境。适度浇水，停止施加肥料，可以为植株遮阴。

秋季适宜松鼠尾生长，这时应注意植株的阳光补充，同时保持盆土的干湿适宜，每月施加一次肥料，仍需要控制氮肥比例，适度增加磷钾的比例。

到了冬季，需要控制温度不能低于5℃，保证每天充足的光照，停止施肥，控制浇水的次数和水量。

为什么说玉米石是室内盆栽精品？

玉米石，又名虹之玉、耳坠草，为景天科景天属，是多年生草本植物。原产于欧洲，现在全国各地均有栽培。由于玉米石外观独特，因此将其放在书桌上、电视旁、电脑桌上作为装饰再合适不过了。除此之外，它还有吸收辐射、净化空气的作用，因此，玉米石是家居盆栽的精品。

玉米石分枝较多，叶片互生，形状呈倒长卵圆形或圆筒形，先端钝圆，颜色为绿色，叶顶端为淡红色或红褐色。冬季开淡黄色小花。玉米石像一颗颗圆润剔透的翡翠耳坠，因此在日本，它还有一个好听的名字——虹之玉。常见的品种有玉米石锦。玉米石锦整体呈白色，在阳光的照射下会转变为粉红色，十分好看。

养殖玉米石的常见问题

当玉米石所处的环境过于潮湿时，就会出现徒长情况。为了避免这种现象，应将植株放在阳光充足的地带，保持盆土的适度干燥。另外，玉米石还会出现叶间距过大，叶片稀疏松散的状况，出现这个现象的原因就是氮肥过多，只要适度调节氮磷钾的比例，就可以有效防止这种现象的发生。

玉米石的繁殖可分为三种，分别是播种繁殖、扦插繁殖和分株繁殖。播种时，适宜发芽的温度在18 ~ 21℃，在播种后的第12 ~ 15天种子就会生根发芽。采用扦插繁殖的话，需要将指梢剪掉5 ~ 7厘米作为插穗，插进土壤中10 ~ 12天就可以生根发芽。也可用叶插的方法，将肉枝叶平放在苗床上，等待数周就可以长成幼株。

玉米石的四季养护

春季，玉米石喜欢阳光充足的环境，在阳光下，玉米石的肉质叶边缘会变得更加鲜红亮眼。盆土应保持适度的干燥，如果生长环境过于潮湿，就会造成徒长。每月保证施肥一次。

夏季，玉米石不喜欢过阴或者光照过于充足的环境，同时进行适度的遮阴，应在浇水方面一定要保持适度的干湿度，这时应停止施肥。

到了秋季，玉米石进入了一个新的生长阶段，要适当增加光照，保持盆土的适度干燥，继续每月施加薄肥一次。

进入冬季，气温降低，对玉米石的生长带来很大的考验，这时应控制玉米石的生长温度不低于 5℃，加强阳光的照射，控制浇水的次数，停止施肥。

为什么说长生草近年在华丽转身？

长生草，又名观音莲、屋卷绢，为景天科长生草属，是多年生草本植物。原产于欧洲的中南部。长生草在广义上是指长生草属的所有植物，狭义上是指长生草这个品种。其实，长生草拥有很多品种。长生草的叶片是倒卵形，呈莲座状排列，颜色是蓝绿色，叶片顶端呈紫红色。夏季开紫红色小花。整体来看，形状整齐，小巧精致，是馈赠亲朋好友的佳品。

长生草的四季养护

春季和秋季是长生草的主要生长期。

在春季，长生草喜欢光照充足，因此，应将其置于阳光充足的地点，温度维持在 18 ~ 22℃，当盆土没有完全干燥时，可以不用浇水，但是一旦盆土干燥，那么浇水时一定要将根部浇透，切忌根部积水，否则易造成腐烂现象。每隔 2 ~ 3 周就施加一次氮磷钾的稀薄肥料，注意氮的比例，防止出现徒长。

到了气温较高的夏季，要注意遮阴、通风，避免植株在闷热潮湿的环境中生存。夏季停止施肥，但要保持盆土适度的干燥。盆内不宜过于潮湿。

到了秋季，天气凉爽后，就要适度增加光照，保证盆土干燥，这时继续之前的施肥工作，每 2 ～ 3 周施加一次稀薄肥料，氮肥料的比例低一些。

进入冬季后，控制日常温度，不能低于 5℃，增加光照，适度浇水，停止施肥。只有做到上述的要点，长生草才能安全地度过一个冬天。

长生草近年来的华丽转身

长久以来，长生草都生长在欧洲的高山上，阳光普照的山坡和凛冽的寒风中都有它的身影。当地人发现，它可以在如此恶劣的环境下生长，不但没有死去，反而繁殖得越来越多，于是，就给它取了一个名字，叫“长生”。

欧洲的居民如果收获了一些长生草的种子，就会把种子抛撒在屋顶上。不久后它就会发芽，然后逐渐蔓延，布满整个房顶。这便是最早的“长生草美化环境”的例子。后来，园艺家注意到了这种美化的方式，认为它的确是一种神奇的植物，于是就通过杂交，培育出了颜色各异的长生草。不少去外国旅游的中国游客把“屋顶长多肉”的照片带回国内，渐渐地，长生草出现在中国大众的视野里。

如何针对卧牛的特点进行四季养护?

卧牛，又名厚舌草，为百合科鲨鱼掌属，为多年生植物，原产于南非。卧牛是鲨鱼掌属中最具代表性的种类。卧牛的茎较短，叶片呈现牛舌状，颜色为墨绿色，表面有白色小疣突，叶片边缘较硬，整体看上去肥厚粗糙。春夏季会开出红绿色的小花。卧牛的生长较为缓慢，长好一片叶子至少需要两年，在静置状态下，没有明显的生长变化，因此，有的人会把卧牛当成一件工艺品。卧牛中常见的品种叫卧牛锦，卧牛锦的叶片上会出现纵向的黄色条纹。

养殖卧牛的常见问题

卧牛是一种对阳光较为敏感的植物，光线过强会造成叶片的颜色发红，出现灼伤。而光线过弱会使叶片黯淡无光泽，造成植株徒长。对于斑锦品种来说，光照过弱还会造成斑纹黯淡等情况。

卧牛的繁殖有扦插法、播种法和分株法三种方法。扦插法就是将叶片角质化的部分切下，等待切口处干燥后插在苗床上，温度保持在 20 ~ 24℃。等待半个月就可以生根。播种法，需要将温度控制在 18 ~ 21℃，同时保持介质湿润，等待两周种子就可以发芽。分株法更易操作，将蘖株取下，放进盆中即可。

卧牛的四季养护

春季，卧牛喜欢阳光充足且干燥的地方，所以应将植株放在光照充足的地方，浇水应适量，避免盆土过湿，引起烂根，同时可每月施加肥料。斑锦品种可以施磷钾肥，这样会使条纹更加亮丽。

夏季，卧牛忌高温，因此应将其放在阴凉的地方，或者对植株进行遮阴。卧牛喜欢凉爽的环境，可以在周围适度喷洒些水，保持空气湿度。这时要适度浇水，如果浇水过多，盆土就会闷热潮湿，很容易造成烂根现象。

秋季是卧牛的生长旺季，应让它补充充足的阳光，每月可适当施稀薄肥料一次。进入冬季后，温度控制在5℃以上。当然，在北方，家里有暖气，室内温度过高也不利于卧牛的健康生长，因此，要将温度控制在5～10℃为宜。加大阳光照射，减少浇水，停止施肥，保持盆土干燥，这些都有利于卧牛安全越冬。

为什么条纹十二卷是办公美化的首选？

条纹十二卷，又名锦鸡尾、蛇尾兰，为百合科十二卷属，是多年生植物。原产于非洲南部的干旱地区，现在我国各地均有栽培。

条纹十二卷的叶片呈莲座状排列，形状为三角状披针形，颜色为浅绿色或深绿色，背面有白色疣突，呈横向条纹状。条纹十二卷夏季开白花。由于叶片上的白色横条，人们从远处看很像雉鸡的尾巴，所以有“锦鸡尾”的别名。

条纹十二卷的常见问题

条纹十二卷的叶片由绿色转为红色甚至黄色，是因为光照太强，可以将植株转移到阴凉的地方。如果发现叶片枯萎，根系渐渐腐烂，就说明盆土过于潮湿，排水出现了问题，应及时排出盆内水分，保持盆土干燥。

条纹十二卷采用分株法或扦插法进行繁殖。分株法就是切下蘖株插入土中，而扦插法就是将肉质叶从母体切下，插于基质中，等待3周左右，即可生根发芽。

条纹十二卷的四季养护

春季和秋季是条纹十二卷的生长旺期。

在春季，条纹十二卷喜欢干燥、阳光充足的环境，惧怕潮湿阴冷，因此需要将其置于阳光充足的位置，浇水时，保持适宜的干湿度，尽量在干湿相间时保持略微的干燥。每个月施加一次氮磷钾肥即可。由于它的根系非常浅，所以不宜深栽。

夏季，条纹十二卷惧怕强光，所以需要进行遮阳处理，或者移至阴凉处，避免阳光直射。控制浇水的次数，同时停止施肥。

秋季需要让土壤在干湿相间的基础上保持略微的干燥，每月施加一次氮磷钾肥，同时每天接触充足的阳光。

冬季最低温度要控制在5℃，保证充足的阳光，暂停施肥，控制浇水。

条纹十二卷：办公室里受欢迎的盆栽

其实，条纹十二卷是很好成活的植物，只要有充足的阳光，就可以正常生长。因此它得到了办公人士的广泛好评。只需要将它放置在一个有光照的地方，哪怕几个月不浇水也不会死掉，由此可见条纹十二卷的生命力是多么顽强。

如何科学合理地养护金钱木？

金钱木，又名云木、金钺木，为马齿苋科马齿苋属，是多年生草本植物。原产于非洲东部。金钱木的茎直立挺拔，呈圆柱形，易分枝。叶片呈圆形，互生排列在茎上，颜色为绿色，夏、冬季节开黄色小花，花期只有一天，一般白天开放后，晚上就悄然谢去。植株整体的造型对称整齐，从远处看像一串串铜钱，有趣形象，因此，无论是摆在书桌上还是窗台上，都能起到非常好的美化作用。

养殖金钱木的常见问题

在养护过程中，不少人遇到过这样一种现象，那就是金钱木直立的茎上容易出现龟裂，这种现象表明植株已经老化，没有挽回的余地。另一个常见的问题就是叶片容易变黄，然后脱落，这个问题主要是因为金钱木长期在太阳下暴晒，或者天气过阴，叶片没有足够的养分，此外也有可能是土壤过于干燥，叶片失去水分，只能变干脱落。

金钱木的繁殖一般采用扦插法。选取一段生长情况良好的枝梢，剪下9厘米左右，等待切口处干燥后，将其插入介质中。之后需要保持介质湿润，待一个月后即可生根。

金钱木的四季养护

春季，金钱木喜欢干燥的环境，不喜欢积水，因此，需要将植株放在阳光充足的地方，浇水时要等盆土完全干燥再将根系浇透，保持适中干湿度。过湿或过干都不可行。春季是金钱木的生长旺盛期，因此，可以适当施加薄肥。种植金钱木时，可选择疏松肥沃、排水良好的沙质土。

夏季，金钱木不应在阳光下接受直射，应该将其置于阴凉处，同时可以适度通风，保持盆土适度的湿度。必要的时候，可以在金钱木的周围喷些水，保持空气凉爽和湿润。

秋季作为金钱木另一个生长的旺期，养护仍需注意日照的问题，应将其置于阳光充足的地方，适度浇水，每月适度施肥一次，增加磷钾含量，帮助其安全过冬。

冬季需要控制植株生长所需的温度，由于金钱木不耐寒，所以要使温度控制在 10℃以上，在这个时期停止施肥，增加光照，使盆土略微湿润一些，做到这些，金钱木就能平安地度过寒冷的冬天了。

如何科学合理地养护回欢草?

回欢草，又名吹雪松、春梦殿，为马齿苋科回欢草属，是多年生植物。目前主要分布于阿根廷、澳大利亚等地，我国也有栽培。回欢草的茎呈匍匐状，叶片呈倒卵圆形，叶尖外弯，叶片与叶片之间有丝毛。叶片的颜色为绿色。它有一个独特的品种，名叫春梦殿锦，又名吹雪之松锦，其颜色并不单一，有绿色、粉红色、黄色等相间的颜色。植株的整体形态可以用一个成语来形容，就是“花团锦簇”，叶片们聚在一起，颜色透亮，像用剔透的玉石雕刻而成，令人心生喜爱。

回欢草的常见问题

当回欢草根系开始腐烂，我们就需要检查盆内是否有积水，因为积水排不出去，在温度的催化下，土壤中的微生物就会发酵变质，从而影响根系的正常生长。当回欢草发生徒长，并且叶片的空间变稀疏，茎节变长时，就需要检查是否施肥过多，尤其是氮肥，还要检查天气是否过阴，过阴的天气会影响植株的正常生长。

回欢草的繁殖一般采用播种法和扦插法法。播种法最适宜的温度在 20 ~ 25℃，扦插时，需要让介质保持湿润，经过 20 天左右的时间，插穗就会生根发芽。

回欢草的四季养护

春季，回欢草喜欢阳光，因此要将它置于阳光充足的地方，不需要遮蔽过多的阳光。回欢草喜欢干燥的环境，不喜欢积水，因此需要及时排水，防止雨淋。每个月可施液肥一次，控制氮肥的比例，斑锦品种可适度增加磷钾肥。土壤应选用排水良好、疏松肥沃的沙质土，每年可翻盆一次。

夏季，回欢草忌暴晒，因此需要对植株进行遮挡，加强通风。回欢草喜欢凉爽，必要时可向空气中喷些水，为其营造一个清凉的环境。另外，这个季节应停止施肥。

到了秋季，回欢草进入新一轮的生长旺盛期，这时应该补充阳光，浇水应等盆土完全干燥后再浇透，每月施一次液肥。

进入冬季，应将植株生长环境的温度维持在10℃以上，防止被冻伤，仍需补充阳光，控制浇水的次数和数量，使土壤维持在一个合适的湿度。

第五章
蔬菜栽培技术

蔬菜设施栽培是利用蔬菜大棚等保温设备或保暖设备，对不适合露地生长的园艺作物创造适宜的环境从而促进高产的栽培方法。蔬菜设施栽培涉及农业知识的方方面面，本章将会介绍并解答蔬菜栽培当中的细节，内容贴近生活，通俗易懂，能够在讲解原理的同时增加趣味性，从而巧妙解决技术问题。

蔬菜设施栽培技术具有怎样的作用？

随着国家对农业的重视和科学技术的发展，蔬菜设施栽培技术已经应用到了蔬菜生产的各个方面。目前来看，设施种类在不断增加，蔬菜的数量和质量也在日益提高，有效解决了因蔬菜季节性特征而带来的供应不足的问题。蔬菜设施栽培技术前景广阔，对于新品种的开发和栽培以及人民生活水平的提高都起着举足轻重的作用。

蔬菜设施栽培的历史和发展

我国蔬菜栽培已有非常悠久的历史，古代重农的传统为我们留下了很多宝贵的蔬菜栽培经验。但是几千年来，我国的农业仍处于传统的操作方式中。新中国成立后，中国的菜农也在探索新的发展方式，他们从国外引进了优良品种，试图利用杂交、嫁接、保护地等方式进行栽培。到了 20 世纪 70 年代，塑料大棚在我国基本普及，无土栽培技术也渐渐得到发展。2001 年，我国的蔬菜设施栽培面积已经达到了全世界第一，部分省市已经拥有大型生产基地。现在，我国的蔬菜设施栽培已经进入了加速发展阶段。

蔬菜栽培的设施类型

利用设施进行栽培的种类有很多，常见的有风障畦、塑料大棚、地膜覆盖、阳畦等。

风障畦是由风障和畦地组成的栽培设施。风障一般是用竹竿、玉米秆等做成的挡风屏障，具有一定厚度，风障的走向应与当地盛行风向垂直，阻挡风沙。塑料大棚是用拱形支架将塑料薄膜支撑起来的栽培空间，它的采光、保温、保湿效果都非常好。地膜覆盖是将薄塑料膜覆盖在地面或者接近于地面，利用这种方法既可以保温又可以保湿。阳畦是在风障畦的基础上对畦埂做加高加厚处理，并在其表面覆盖透明保温的物体的一种栽培设施。

这些栽培设施由于拥有特殊的设备，为蔬菜生长提供了良好的环境，因此可以解决蔬菜供应淡旺季问题，维持蔬菜生产平衡，保证常年供应。

蔬菜设施栽培的主要种类

能够利用栽培设施进行生长的蔬菜种类有很多。茄果类，像西红柿、茄子、辣椒等；瓜类，像黄瓜、西瓜、苦瓜等；绿叶菜类，如菠菜、芹菜等；菌类，像香菇、金针菇、木耳等。

蔬菜设施生产前景广阔，对于发展蔬菜生产和供应具有重要意义。

常见的黄瓜应如何进行设施栽培？

黄瓜，又名王瓜、胡瓜，为葫芦科黄瓜属，是一年生草本攀缘植物。

我国培育黄瓜有着悠久的历史及丰富的生产经验。黄瓜口感清香，爽脆营养，是家庭常备的健康蔬菜。

黄瓜的形态特征

黄瓜的叶柄较为粗糙，表面有硬毛覆盖。黄瓜的茎细长，蔓延生长。叶片面积较大，呈宽卵状心形，先端会分裂3～5个角，渐尖，两面均粗糙。黄瓜的根系较浅，一般生长在0～20厘米的土壤中。黄瓜的果实呈长圆柱形，成熟时颜色为深绿色，表面有小刺状突起，摸起来扎手，果实顶端有黄色小花，尾部有3～5厘米的柄。

黄瓜的生长环境

黄瓜一般生长在热带和温带的潮湿地区，喜欢温暖湿润的弱光地带。黄瓜的根系浅，对于氧气的要求较高。所以在选取土壤时，一定要确保表层的土壤空气是充足的。适宜黄瓜生长的土壤为肥沃疏松、排水透气的酸性土壤，黄瓜耐盐能力较差，喜肥，但如果肥料施加过多，就会烧根，影响生长。

黄瓜适宜生长的温度为20 ~ 30℃，温度过高容易枯萎，温度过低会造成生长停滞。黄瓜喜欢湿润的环境，怕涝，在浇水时应保证土壤的湿度。在结瓜期应让土壤的含水量达到一个较高水准，多浇水才可以保证黄瓜的质量。

黄瓜对温度、光照等因素都比较敏感。黄瓜在生长的过程中需要一定的昼夜温差，理想的昼夜温差需要达到10℃。黄瓜不耐高温，当温度达到35℃及以上时，黄瓜就无法健康生长，严重时会阻碍其代谢机能，最终发育出畸形果。温度也不能低于10℃，否则就会影响其品质。

黄瓜的栽培管理

目前，栽培反季节黄瓜的设施类型为塑料大棚或日光温室。不过要根据不同的茬口选择适宜的品种。在定植后，随着天气变凉，每次浇水的间隔可以控制在10 ~ 12天。黄瓜喜有机肥，可以利用生物肥、尿素、过磷酸钙等按一定比例搭配。

黄瓜在生长过程中，会出现一些病虫害，主要的病害有白粉病、炭疽病、霜霉病等。常见的虫害有叶螨、蚜虫、白粉虱等。针对不同的疾病，要采用不同的方法，为黄瓜提供良好的生长环境。

人们喜爱的西红柿如何科学栽培？

西红柿，别名番茄，为茄科番茄属，是一年生或多年生草本植物。番茄原产于南美洲的秘鲁等地，目前世界各地均有栽培。西红柿已经成为人们家常所用的蔬菜。无论是炒菜、做汤还是甜品，都会出现西红柿的身影。它以酸甜可口的口感赢得了大家的喜爱。

西红柿的形态特征

西红柿的株高一般在0.6 ~ 2米，根系发达，分布既深又广。西红柿的茎是半直立状，容易倒伏，一般需要采用支架或吊蔓。茎易生侧枝。西红柿的叶片呈卵形，边缘有不规则锯齿，有绒毛和分泌腺，可以散发特殊气味，具有驱虫的作用。西红柿的花为聚伞花序，自花授粉。果实为近球状，颜色为亮红色。

西红柿的生长环境

西红柿喜欢温暖的环境，对温度较为敏感，温度过高或者过低，都会影响西红柿的正常生长。西红柿种子适宜生长的温度为 28 ~ 30℃，开花阶段，适宜温度为 20 ~ 30℃，而到了结果阶段，最适宜的温度为 25℃。除此之外，土壤的根系生长适宜的温度为 20 ~ 22℃。

西红柿在生长阶段需要充足的光照，这不仅可以促进花芽分化，而且可以提高西红柿的质量。进入冬天，光照减弱，即便如此也要尽量保证西红柿的光照条件。西红柿对水分的要求不高，在其生长期期间不需要大量灌溉。

西红柿的栽培管理

作为秋冬茬的反季节栽培，一般在 7 月下旬或 8 月上旬即可播种，等待 30 天即可出苗。定植初期，需要将温度、湿度控制在合适的范围内。在结果前期，要注意通风、排水、防雨等，夜晚温度低可适当增加遮蔽物。在结果期间，更要增加光照，保证果实的正常着色。

西红柿面临的病虫害有很多，如早疫病、晚疫病、灰霉病、潜叶蝇、白粉虱等。防治的方法可采用农业、物理、化学或药剂防治。

在西红柿的生长过程中，可以通过调整植株来达到更好的效果。同时为了抢占市场先机，争取提早上市，可采用乙烯利对西红柿进行催熟。采收的依据是顶部着色达到整个果面的四分之一。

清香的青椒在栽培时应注意什么？

青椒，又名菜椒、番椒、海椒等，为茄科辣椒属，是一年生草本植物。原产于南美洲，现在世界各地均有栽培，在中国，青椒是常见的蔬菜种类之一。它以鲜艳的色彩，丰富的营养得到了广大消费者的喜爱。

青椒的形态特征

青椒的根系并不发达，主根较粗大，但是根须数量少，生长速度也比较慢。青椒的茎比较坚韧，可以直立生长，冠径较小，贴近花芽的侧枝生长较为旺盛。青椒的叶片呈长圆形或卵状披针形，单叶，先端变尖，边缘无缺刻，叶面光滑。青椒的花可以自花授粉，果实为绿色，形状像方灯笼。

青椒的生长环境

青椒喜欢温暖的地带，既不耐高温，也不耐寒。青椒在不同时期所需要的温度不同，比如在种子发芽期，最适宜的温度应维持在 25℃；而在开花期间，适宜的温度白天为 20 ~ 25℃，夜晚为 15 ~ 20℃。青椒对水分的要求极其严格，不能过多，因为青椒不耐涝；也不能过少，因为青椒也不耐旱。当土壤的含水量在 80%，空气湿度在 60% ~ 80% 时，青椒才不会生长异常。青椒对土壤的要求不严格，不过为了品质，最好选用深厚肥沃、排水良好的沙质土壤。在青椒生长期间，需要施加氮磷钾肥，在开花期间可适当增加磷的比重，结果期增加钾肥。

青椒的栽培管理

目前，常见的青椒品种有茄门甜椒、海花 18 号、湘研 7 号和花椒

17 号。青椒在定植前需要达到一定的标准，这就需要提前浸泡种子，加强苗床管理，做好前期病虫害防治工作。

对于秋冬茬来说，在定植的缓苗阶段，要控制好昼夜温度，一般来说，白天需要保持在 25 ~ 30℃，夜间需要保持在 16 ~ 18℃，当温度超过 25℃时就要及时通风。在这一时期，要浇足水，这样缓苗期间就可以有充足的水分来恢复。如果深冬季节有缺水的现象，可以利用地膜浇水。

进入冬季后，光照弱了下来，需要利用室内光照或者棚内的薄膜来增加光照。这个时期也要进行通风处理，调节植株，对多余的老叶、病叶进行裁剪，保证营养被健康的部分充分吸收。青椒在生长过程中遇到的主要病害有立枯病、炭疽病、疫病；虫害主要有棉铃虫、烟夜蛾等。可利用农业、药剂、物理、化学等方法进行防治。

茄子的科学栽培有哪些步骤?

茄子，又名落苏，为茄科茄属，是一年生草本植物。茄子的原产于东南亚地区，我国较早地栽培了该种类。茄子的适应能力强，生命力旺盛，供应期较长，在夏秋季节，经常成为人们餐桌上的美味佳肴。

茄子的形态特征

茄子主要由根系、茎、叶、花、果实这几个部分组成。茄子的根系较为发达，由主根和侧根构成，主根强壮，可深入土层。茄子的茎在幼时为草本，成熟后逐渐木质化。茄子的茎可分为直立型和横蔓型。按照品种的不同，叶柄呈现不同的颜色，有的为紫色，有的为绿色。叶片是互生单叶，呈现倒卵圆形，叶片宽大，边缘为波浪状，颜色为深绿色或者紫绿色。叶柄较长，有刺毛，颜色和茎的颜色大体相同。果实的果肉中含有一种植物碱的成分，直接吃会带有苦涩的口感。

茄子的生长环境

茄子喜欢高温。在种植茄子时，应将种子发芽的温度控制在 25 ~ 30℃。如果在温室中培育，也需要将温度调节在 15℃以上，同时控制夜温，这样可以保证花芽质量，利于确保茄子质量。

茄子对光照强度有严格的要求，如果强度大，那么茄子的着色就会更好，相关的生长质量也会随之提高，这一现象对于紫色品种来说更为明显。所以说，提高光照强度，改善光照条件十分必要。

茄子喜水，但又惧怕水，在不同的生长阶段对于水的需求量有差异。门茄形成前需水量少，但是门茄迅速生长时需水量多；对茄收获前需水量大。可以说，水分是影响茄子生长质量的关键因素。如果缺水，茄子的形态就不那么饱满，质量也会下降。

茄子的栽培管理

为了适应市场的需求和人们的口味，目前我国的茄子品种有茄杂 2 号、鲁茄 3 号、天津快圆茄、新乡糙青茄等，这些茄科品种优良，商品性较高，很好地迎合了市场的需求。

茄子的苗龄一般需要 3 个月左右，为了防止中途出现意外，首先可对土壤进行消毒处理，加强土壤的空气流通。其次，用 55 ~ 60℃的温水浸泡种子，同时进行搅拌，直至温度降至 20℃左右，捞出催芽。这一期间需要维持适宜的空气湿度和温度，等待 4 ~ 5 天，即可出苗。

出苗后进行分苗处理，分苗处理可在塑料拱棚里完成。分苗完成后，需要注意温度，尽量保持白天 25℃、夜晚 15℃的水平，注意空气流通。在茄子的生长过程中要注意病虫害防治。

果实成熟后，最好用剪子采收，合格后包装上市。

如何科学合理栽培西葫芦？

西葫芦，别名菜瓜、葫芦、角瓜、美洲南瓜等，为葫芦科南瓜属，是一年生草本植物。西葫芦原产于中美洲，是一种生命力旺盛的蔬菜。

西葫芦对气候有着极强的适应能力，它营养丰富，食用起来方便简单，是消费者喜爱的食材。

西葫芦的形态特征

和茄子一样，西葫芦的根系较为发达，可以深入10 ~ 30厘米的土壤之中，西葫芦有极强的吸水能力，但是如果根系遭到了破坏，就很难再生,因此在种植时要避免伤根。西葫芦有蔓生、半蔓生和矮生的区分，品种不同，所需要的生长环境不同。不过西葫芦的主蔓却长达30 ~ 50厘米，较为粗壮，且容易产生分枝。

西葫芦的叶片呈卵状三角形，先端渐尖，边缘为不规则的锯齿状，表面有硬毛，叶片面积较大，具备一定的抗旱能力。叶柄表面有较粗的短毛，但中空，因此在养护时应注意不要将其折断。

西葫芦的生长环境

西葫芦在众多瓜类蔬菜中属于较耐低温的种类，适宜西葫芦生长的温度为18 ~ 25℃，不过种子所要求的温度较高，为25 ~ 30℃。温度过低会造成授粉不良，温度过高又会造成花芽发育不良，因此将温度控制在适宜的范围内就显得非常必要。

西葫芦对光照要求并不是十分严格，但是如果光照充足，植株的果实会生长得更为饱满，品质也会更好；而光照不足，植株的发育也会受到影响，叶片的颜色变淡，果实数量少，抵抗病虫害的能力减弱。为了确保西葫芦的品质，应该保持适度的土壤酸碱度。一般而言，西葫芦的土壤应选择肥沃疏松、排水良好的酸性土壤，酸碱度在5.5 ~ 6.8为最好。

西葫芦的栽培管理

目前已知的西葫芦品种较多，如早青一代、花叶西葫芦、阿太一代西葫芦、中葫1号等。在栽培前期，应准备优质的西葫芦种子，比如耐低温的矮生型品种。通常栽培的时间应选择在9 ~ 10月之间，可利用温室或阳畦作为设施进行栽培。定植后，需要进行温度、水分、光照和肥料管理。西葫芦苗必须要采取增温和保温措施，必要时可以利用草帘、纸被增加温度，也可以调整气孔大小来调节空气的流通程度。

经历一段时间的缓苗后，可以适当地将温度降低。不过进入严冬之后需要注意防范寒流，争取阳光照射。空气湿度尽量保持在45% ~ 55%，浇水时一定要浇透，同时秉持“浇瓜不浇花”的原则。

为什么菜豆容易出现落花落荚的现象？

菜豆，别名刀豆、芸豆、四季豆等，为豆科菜豆属，是一年生缠绕性草本植物。原产地在南美洲，现在中国各地以及世界各地均有种植。菜豆营养丰富，烹饪方便，是家庭夏季常见的佳肴。菜豆栽培起来比较容易，利于倒茬，在大规模温室生产中占据了重要的地位。

菜豆的生长环境

菜豆因品种不同，对温度的承受能力和要求也有所不同。一般来说，矮生品种比蔓生品种更耐低温，适宜其生长的温度为 18 ~ 20℃。虽然种子生长适宜的温度和开花结荚期适宜生长的温度有所不用，但是都不能低于 10℃，不能高于 32℃，否则会影响正常的生长发育。菜豆喜欢强光，如果光照不足，就会引起落花、落荚等现象。空气湿度保持在 80% 即可。菜豆对土壤并没有严格要求，不过为了保证品种的质量，最好采用疏松肥沃、排水良好的壤土。

菜豆落花落荚的原因

菜豆落花落荚的原因主要从环境因素和病虫害这两个角度来分析。如果在花期或结荚期遇到了不适宜的温度，那么就会容易出现落花落荚的现象。如温度低于 13℃，或者温度高于 28℃，都会使花粉的细胞畸形发育，不能形成正常数量的花粉粒，活力降低，最终导致落花落荚。除此之外，高温度、高湿度同时出现时，植株的抵抗力降低，病害会影响花朵和荚果。不可避免的害虫也会啃食菜豆的花蕾、豆荚，这些都会造成落花落荚的现象。

菜豆落花落荚的防治措施

为了避免菜豆落花落荚现象的发生，在前期要选择合适的环境定植，注意排列时的疏密程度，为后期通风做准备。需要加强肥水管理，结荚期更需要勤浇水、勤施肥，确保土壤湿润，但不能过于潮湿，需要使土壤湿度维持在一个合适的范围。将温度控制在合理的范围内，温度过高时可加强通风流量和通风时间，加强病虫害防治，可以综合利用多种措施，在不损害植株的前提下，消除病害和害虫对植株的影响。同时及时剪切掉病叶、枯叶，为植株生长提供充足的营养。

为什么近年来香椿的价格变贵了？

香椿，又名香铃子、香椿芽、毛椿、春阳树等，为楝科香椿属，是多年生落叶乔木。香椿原产于我国，它的栽培已经有上千年的历史。香椿具有浓郁的香味，颜色鲜艳，营养价值丰富，药用价值极高。目前，我国的香椿种植利用日光温室在冬季进行，在初春上市。

香椿的形态及环境

香椿的根系非常发达，可以深入25厘米以下的土层内。由于香椿是落叶乔木，所以它生长在树上，树皮的颜色为赭褐色，表面有裂纹，成熟后可以脱落。一般来看，香椿树的树干都笔直挺拔，高度在15～18厘米。香椿的芽有顶芽、侧芽、叶芽和隐芽之分，我们食用的部分就是香椿的嫩芽，由于它们是刚生长出来不久的，因此非常鲜嫩可口。目前常见的香椿品种有红香椿、黑油椿、褐香椿、苔椿、红叶香椿等。适宜香椿种子生长的温度为20～25℃，而适合枝叶生长的温度为16～20℃。香椿喜欢阳光充足的湿润地区，土壤湿度尽量保持在85%左右。

香椿价格变高的原因

初春正是香椿上市的时节。看着一把把颜色鲜艳、香气扑鼻的香椿上沾着新鲜的水滴，人们一定有想将其买回去做菜的冲动。可是近年来，香椿的价格一路走高，最贵的已经超过了200元一斤，相当于一只波士顿龙虾的价格。香椿价格的飙升已然超出了消费者的心理预期，这究竟为何?

其实，受到气温、供需和市场的影响，一些地方的香椿发芽较早，上市较早，价格自然抬高，等到进入旺季，香椿的供应扩大时，价格也会随之降低。尤其是在南方，香椿的生长环境优良，幼芽发育较好，因此一些商家就会利用南北方香椿上市之间的空档，抬高价格，还打着“香椿养生”的旗号盲目夸大香椿的价值。除此之外，农家种植的香椿要比大棚种植的香椿品质好，这也可能是造成价格虚高的原因。

香椿的食用价值、药用价值和经济价值都很高，但并不意味着香椿的市场前景是非常良好的，农民朋友一定要擦亮眼睛，谨慎投资，万万不可被高价所迷惑。如果想要投资，也一定要认清市场规律，了解消费者的心理，做好充分的准备再去行动。

为什么说韭菜地防虫至关重要?

韭菜，又名懒人菜、长生韭、草中乳等，为百合科葱属，是多年生宿根蔬菜。韭菜原产地在中国，目前我国各地均有栽培。北方的韭菜设施栽培较为普遍和完善。韭菜营养丰富，口感鲜嫩，非常适合作为家常菜的主要食材。

韭菜的基本介绍

韭菜的根为弦线状须根，可以吸收氧气和养分。韭菜的叶子分为叶片和叶鞘两部分，叶片的状态随环境的优劣而改变。一般来说，韭菜有较好的耐寒性，可以忍受 -5℃的低温，但是当昼夜温差过大时，容易遭受病害。在生根时，韭菜需要充足的阳光，也需要较强的湿度，因此，土壤的湿度应保持在 80% ~ 90%，空气湿度应维持在 60% ~ 70%。

韭菜地常见的虫害

近几年，大家“谈韭菜色变”，主要因为很多韭菜表面的农药残留严重超标，这让喜欢吃韭菜的消费者内心多了一些顾忌。为什么韭菜表面的农药会严重超标呢？罪魁祸首就是韭蛆。韭菜地中经常会出现这种叫韭蛆的白色小虫，它们看上去晶莹剔透，但实际上是一种专吃韭菜嫩茎的害虫。它们咬断根茎，养分就无法传至地表之上的韭菜叶，这些叶子由于没有养分，很快就会大面积枯萎，严重的会造成减产甚至绝产。

为了不让韭菜遭受韭蛆的蛀蚀，农民都会在韭菜表面喷洒农药。但是他们发现，这些韭蛆生长于地下，喷洒在叶表无济于事。于是他们利用剧毒农药灌根。土壤有较大吸附性，剧毒农药渗进土壤，根系又从土壤中吸收养分，因此，这些农药就通过根茎进入了韭菜中，这就是为什么能够在叶表检测出农药残留的原因。

韭菜地害虫的防治

面对韭蛆，农民陷入两难境地，不消除韭蛆，韭菜就会减产，可是要想消灭韭蛆，韭菜中不得不残留农药。有没有既可以杀死韭蛆，又不会影响韭菜的两全方法呢？经过农民的不断探索，他们发现，用蚊帐就可以阻挡韭蛆。

支起蚊帐，韭蛆就不会在叶表产卵，这样它们就不会有接触到韭菜的机会。相关的研究人员发现，韭蛆的成虫（名叫韭菜赤眼蕈蚊）个头小，体长只有 2 ~ 4.5 厘米，于是他们研制了一种网眼直径为 0.4 毫米的蚊帐。利用这种方法，有效阻止了韭蛆在韭菜表面的繁殖，保证了韭菜的高质量生长。

芹菜在施肥方面有哪些要求?

芹菜，别名胡芹，为伞形科芹属，是一年生或两年生草本植物。芹菜的原产于欧洲，地中海地区，现在美洲、亚洲等地区均有栽培。芹菜具有清淡的香气，口感爽脆。风味独特，是餐桌上必不可少的保健蔬菜之一。目前在塑料大棚中种植的芹菜品质上乘，具有较高的经济效益和食用价值。

芹菜的简要介绍

芹菜是我们常见的蔬菜种类，茎和叶均可食用。芹菜的种类多样，大体分为水芹、旱芹和西芹三类，具体的又有津芹36号、意大利冬芹、开封玻璃脆芹菜、美国西芹等杂交品种。芹菜喜欢凉爽的生长环境，对日照没有严格的要求，比较耐阴。但是它对土壤湿度和空气湿度的要求较高。

芹菜对肥料的特性

芹菜属于绿叶类蔬菜，生命力旺盛，生长能力强。随着生长过程的不断推进，芹菜所需的养分也是呈不断增长的趋势。在生长过程中，芹菜对于硼、钙等微量元素的需求量较大。如果芹菜缺硼，那么它的茎很容易劈裂，得上“茎折病”，所以在芹菜出苗的两个月的关键期内，一定要注意肥水管理，尤其是要施加硼肥，并朝叶面喷洒一些多元微量元素肥料。芹菜在定植阶段的生长需要大量营养，因此在缓苗之后，可适度更换肥料的比例。

芹菜的施肥技术

芹菜的生长期较长，在生长过程中需要在基肥方面加强重视。尤其进入秋冬季，基肥的施加量应该更大一些。基肥应以优质土杂肥为主，适当加入磷肥、钾肥、碳酸氢铵等。定植后，可适当浇水，保持土壤湿润，防止土壤流失过多水分。定植后，芹菜进入缓苗期，这时应适当增加氮肥的比例。

当芹菜度过缓苗期，进入生长旺期时，可采用三元复合肥，增加尿素比例。此阶段注重施肥灌水，确保根系可以吸收肥料和水分，从而为茎叶提供丰富的养料，促进植株茁壮成长。在芹菜收获前一个月左右的时间内，可用20mg/kg的赤霉素溶液喷洒茎深，这样做不仅可以使叶柄变得更长，还能保证脆嫩的口感，使芹菜的性能、品质都有所提高。

芦笋在采收时应注意些什么?

芦笋,又名石刁柏、露笋,为天门冬科天门冬属,是多年生草本植物。原产于欧洲地中海地区,现在亚洲、美洲、北非等地区均有种植。芦笋营养价值极高,被称为“蔬菜之王”。芦笋最适宜的生长环境为温带气候,需要充足的阳光、水源,适宜栽培芦笋的土壤为肥沃疏松、排水良好的沙质土。未出土的芦笋颜色呈白色,无论是哪个品种,一旦破土而出,经过阳光照耀,就会变成绿色。

芦笋留母茎的原因

河北省某地的一个老农,开春后去采笋时,发现自家的笋越长越细,越来越少。后来他请教了专家,才知道是什么原因。芦笋生长在山林的土地上,不像其他的蔬菜可以通过施肥的外部力量来增加营养,而是需要依靠广袤的土地、光照和水源,因此,农民也是靠山吃山,靠水吃水。

正是因为芦笋的营养无法靠人工解决,因此,在采收芦笋时,一定要保留母茎,如果无休止地“剃光头”,营养就会被无限透支,这样下去,将是一个不可逆的悲剧。说白了,在采收芦笋时一定要避免过度采摘,要做到留秧,只有通过这种方式,才不会造成“杀鸡取卵”的后果,才可以永久地靠山吃山,靠母茎制造出更多优质的芦笋来。

留母茎还需掐尖、打顶

留起的母茎,会通过底下的营养生长出细嫩的叶子,这些叶子又通过光合作用为根系提供营养,等到新的茎生长出来成为芦笋,就又可以采收了。但是在芦笋生长期间,还会遇到很多问题。芦笋越生长,“个子”也就越高,但是茎过长,就很容易发生倒伏的现象,这就会影响芦笋的品质。因此经验丰富的老农都会选择合适的时机把母茎上的生长点掐掉,将其掐掉后,往高处生长的基点消失,芦笋只能横向生长,倒伏的问题就得到了解决。

采收的速度至关重要

除了上面所说的操作之外，芦笋的采收一定要迅速。原因就是芦笋的生长速度很快，从春季到夏季，几乎每天都有新生的芦笋冒出，如果位于底下的白芦笋不及时采收，不久就会变成红色。

土层之下的白芦笋被挖出后变成“红”芦笋，如果按照白芦笋的价格去卖，那么一定卖不出去，所以不管是采收还是运输，都需要迅速。在路上运输的时间最好不要超过 2 个小时，否则芦笋变黄，最终影响质量。

第六章
食用菌栽培

我们的生活离不开菌菇，它们口感鲜美，味道醇厚，被称为“保健食品”。从目前的发展势头来看，菌菇不仅是一类食品，更是一套产业。菌菇食药兼用，拥有着宽广的发展空间。本章为读者带来了关于菌菇全面的知识，希望能够满足菇农的需求。

为何将食用菌产业称为“白色农业”？

食用菌产业就是微生物农业，由于食用菌的菌肉多为白色，所以食用菌产业又称白色农业。与此相并列的还有绿色农业和蓝色农业。绿色农业是指提高粮食、蔬菜、果树和花卉的品质的产业，蓝色产业是指开发海产品的产业。它们三者共同构成了21世纪中国大农业的发展方向，简言之就是“三色农业”。

食用菌产业的特点

虽然食用菌肉眼可见，但它仍属于微生物，具备了微生物培养的一些特征。纵观食用菌整个产业，我们不难发现，其具备了现代农业的种种特点。培养食用菌所需的生产周期短，不跟别的作物争水争地，因此属于资源节约型产业。食用菌的栽培材料一般都是农业废弃物或者工业下脚料，如此一来，培养食用菌可以提高农业废弃物的利用率，对于整个社会的生态体系起着关键作用。食用菌产生的菌渣可以作为有机肥或饲料，用于养殖动物。食用菌的养殖涵盖了动物、植物和微生物三个种类，很好地体现了循环利用的特点。

食用菌产业的现状

自1986年“白色产业”这一概念提出之后，国家就出台一些政策表示对这一产业的支持。“863计划”“948项目”纷纷启动，教育部食药用菌产业化工程中心、国家食用菌工程研究中心逐渐建立，这些行动无疑是在向食用菌产业和从业人员表明，国家重视该行业，也非常希望该行业能够拥有一个光明的未来。随着国家政策的扶持和帮助，食用菌产业出现了逐年发展的势头。相关数据显示，从2001年到2014年，中国食用菌总产量从664万吨上升到3460万吨，并且每年都在稳步提高，这对于食用菌行业来说，无疑是一个良好的发展态势。

食用菌产业的前景

虽然中国的有机食用菌产业起步较晚，但是目前作为生态农业的典型代表，它的发展已经步入了正轨。目前，食用菌在家庭和酒楼饭店当中很受欢迎，未来一段时间，食用菌的需求量还会不断增加，培养规模还在不断扩大，医此它仍具有非常广阔的发展空间。未来的食用菌产业，会朝着工厂化、产业化、规模化、集约化、现代化的方向不断发展。在中国，食用菌的发展市场也会向中西部不断扩展。菌类保健品会逐渐增多，食用菌产业的未来一片光明。

为什么人们把食用菌视为健康产品？

我国是较早认识和栽培食用菌的国家之一，在这一方面，我国历史悠久，具有较为丰富的经验。在《齐民要术》《本草纲目》等古代医药书籍中，都有记录劳动人民培养菌类的故事。我国食用菌的种类丰富，品质优良。人们经常食用，会起到保健功效。现在，食用菌已经成为健康食品，利用菌类制作的零食、保健品等渐渐投放市场，赢得了人们的好评。菌菇已经成为百姓餐桌上的常客，食用菌菇也已经成为百姓的健康养生方式，在不久的将来，菌菇会引领一种新的风尚，席卷我国和世界各地。

食用菌的食用价值

食用菌营养丰富，富含蛋白质，菌菇中的蛋白质要比一般的绿叶菜高。大部分菌菇拼有人体所需的八种氨基酸，比如金针菇、蘑菇、草菇等。尤其是赖氨酸这种物质，菌菇所含的比例甚至比谷物所含的比例要高，主要是因为在加工过程中谷物中的氨基酸会被破坏。赖氨酸有利于儿童智力、体力的发育，因此，儿童多吃些菌菇类是非常有好处的。

在民间，人们称金针菇为“智力菇”。有的人对此表示疑问，认为菌菇对智力的增长并没有明显效果，其实，金针菇中富含多种微量元素和维生素，长期食用可以维持大脑活力，促进身体和智力的发展。

食用菌的药用价值

食用菌除了具备食用价值之外，还具备较高的药用价值。菌菇当中富含多种活性物质，对维持人体健康具有非常重要的作用。食用菌菇可以增强免疫力，调节血脂，降低血糖，治疗高血压等，长期食用可以有效抵抗病毒侵袭，提高机体活力。最近的研究表明，经常食用菌菇还可以防止癌变，可以说，菌菇具有良好的抗癌作用。当然，菌菇的种类不同，发挥的功效也不一。冬虫夏草可以较好地抑制结核杆菌，帮助人体抵抗病毒。而猴头菇具有健胃消食，治疗慢性胃溃疡等功效。

食用菌的未来市场

菌菇的未来市场前景非常广阔，发展势头也在不断变好。所以在不久的将来，我们会看到以菌菇为原材料制作的保健食品、保健药品、保健饮料等大量投向市场。或许人们可以从菌菇当中提炼出防治癌症的元素，将其运用到药品中，分担病人的痛苦，解决病患之痛。

在购买菌类产品时应注意哪些细节?

无论是生产者购买菌种，还是消费者购买菌菇，如何挑选品质上乘的产品至关重要。对于生产者而言，挑选到的品种好，那么整个生产过程就会更顺畅，利润也会更高。对于消费者而言道理相同，因此，在选购方面一定要留心。

生产者购买菌种的注意事项

对于生产者来说，购买菌种必须先确认供种单位的相关资质，如果相关单位的某些资质不符合要求，那么生产者可以拒绝购买，如果相关单位的资质符合国家标准，那么生产者有权要求其提供技术资料，资料中应涉及菌种的特征、生长环境、栽培方法等内容。如果相关单位所提供的内容不能令生产者满意，那么生产者有权拒绝购买。

在确认单位资质后，生产者需要对菌种进行近距离观察，通过外观来鉴别菌种的品质，对颜色、形状、是否老化等方面进行判断，虽然这一步的检查看似没必要，但这是判断菌种品质的关键一步。最后，生产者还需要对菌种的外部条件进行核查，如菌种的保质期，所需要的生长条件，以及接种日期等进行咨询，如此一来才能做到心中有数，对菌种的栽培才能够做到了然于心。

消费者购买新鲜菌菇的注意事项

对于新鲜的菌菇，消费者在挑选时一定要观察外表，对于香菇而言，一定要挑选看起来厚实的，如果产品过于干瘪，那就是质量有问题，避免购买。观察香菇的颜色，如果色泽饱满，呈现黑褐色或者黄褐色，那就是优质的香菇，可以购买，如果颜色变成紫红色，失去了香菇应有的颜色，那就要谨慎购买。对于金针菇、茶树菇来说，它们的形态与香菇不同，在挑选时要注意闻菌菇的味道，如果菌菇散发刺鼻的味道，那就是经过了化学药剂的处理，谨慎购买，而如果菌菇散发独有的香气，那就证明产品是合格的，没有过多污染。

消费者购买菌菇干货的注意事项

不少消费者追求生活品质，购买食材时会挑价格较高的买。其实对于干货来讲，有的商家考虑到利润，将干货分为一级、二级、三级这样的品级，其实经过相关研究人员测试，发现不同等级的菌菇并不会因质量不同而造成营养价值、口感的不同，所以广大消费者不需要盲目追求干货的高价，只要是通过国家相关质量标准的，质量都是有保障的。菌菇干货的“价格越高，质量越好”的谣言也就不攻自破了。

野外种植蘑菇要做到哪“四看”？

采用人工养殖的方法，可以对光照、温度、湿度等进行控制，容易为菌菇创造利于生长的条件；而野生培育看似简单，实则包含很多技巧，需要综合很多知识来解决。食用菌专家经过长期实践，总结出了一个口诀，那就是“看天，看地，看菌，看人”，简称“四看”。为什么野外种植还需要考虑这些因素？这些因素究竟会对菌菇产生怎样的影响？

“看天，看地”的具体含义

“看天”主要是指在种植蘑菇时，一定要了解当地的气候特征，对当地的四季变化做到宏观分析。每一种菌菇都有自己的生长环境，有的菌菇变换环境就会无法正常生长，如此一来，菇农就会吃亏，最终受损的还是自己的利益。因此，种植蘑菇时，一定要结合当地的气候条件，什么气候种什么类型的蘑菇，该什么时候种就在什么时候种。“看地”主要是指种植前期，需要对土壤、地形等做到具体了解。如果因为土壤或地形的问题而造成蘑菇减产，那么依然是一件得不偿失的事情。

“看菌，看人”的具体含义

“看菌”其实就是根据蘑菇不同的品种而选择不同的环境种植。有的菌种适合在阔叶林中生长，有的菌种适合在针叶林中生长，有的菌种需要充足的阳光，有的菌种需要阴暗的环境，因此即便是野生种植，我们也要考虑菌菇的生长习性，然后再据此选择合适的种植范围。“看人”是指菇农的管理方式，有的是以家庭为单位种植管理，而有的是将公司和菇农结合起来，公司提供技术指导，菇农种植，后面的收购、加工环节都是由公司处理。

“四看”的深远意义

其实，这“四看”的本质可以用8个字概括：因地制宜、因时制宜。不管培育什么品种，都需要用联系、宏观的观点看待这个世界，都需要考虑土壤、光照、空气、天气等因素。只有充分利用好我们所处的环境，才能更好地为植物的生长提供良好的空间，主动顺应自然、尊重自然，才会有效地利用自然。“四看”不仅是野生种植的金科玉律，更是今后农业发展的有力指引。

光照对虫草的生长有什么影响？

谈到冬虫夏草，大家都知道这是一种非常名贵的药材，但是它的生长过程却很少有人知道。冬虫夏草之所以珍贵，就是因为它的形成需要特殊的条件，比起一般的菌菇，冬虫夏草的培养更费时间和精力，所以它的价值也更高。

冬虫夏草的生长过程

在海拔4500米的雪山高原上，生活着一些普通的小虫子。这些小虫子其实就是蝙蝠蛾的幼虫。同时，高原上还存在着一种叫虫草菌的真菌，这种真菌的孢子必须找到宿主，如果找不到，它们就会在恶劣的环境中死去。虫草菌随着雪水进入土层，接触到了在地下生活的蝙蝠蛾幼虫，它们寄生在这些幼虫身上，不断发育，日复一日地蚕食着幼虫的身体，等到菌丝侵占了幼虫全部的身体时，它们感觉到了生活环境的局促，于是它们从幼虫头部钻出来继续寻找生长空间，就形成了子座，最终成为冬虫夏草。

光照对虫草的影响

这里需要注意的是，上面所说的是冬虫夏草，虫草不等于冬虫夏草，冬虫夏草需要真正的幼虫，而有一种叫北冬虫夏草的虫草是不需要虫子的，甚至有的农民用大米就可以养殖出冬虫夏草来。

在人工种植虫草时，人们关注的重点是要长出“草”，等到菌丝长满培养基时，就需要将其送进菇房。不过和普通菌丝发育的环境不同，这个时候的菌丝必须要有光线的刺激。光照会促使菌丝从营养生长阶段顺利进入生殖生长阶段。如果这个阶段缺少光照刺激，那么草就不会形成，或者形成了也只是非常稀疏的几根。如果光照充足，那么白色菌丝就会逐渐向黄色转化，“转色”这一过程就会顺利进行。因此，充足的光照可以使草长得更加旺盛。

未来养殖虫草的注意事项

通过上面的介绍，我们知道了虫草的趋光性，所以在今后的养殖过程中，一定要适度增加光照，基准为每天至少 20 个小时，但是长期来看，这种做法不仅会使灯管损耗，而且依然存在死角，最终仍会影响虫草的转色和出草。我们可以采用立体的墙式栽培，不仅解决了灯管的问题，还能更好地促进虫草的生长。

为什么大棚对反季节双孢菇很重要？

双孢菇，又名洋蘑菇、白蘑菇等，在欧美，人们称这种蘑菇为纽扣蘑菇，它是蘑菇科蘑菇属，目前广泛分布于世界各地，我国的山东、浙江等地均有栽培。双孢菇富含蛋白质、氨基酸、维生素等，是预防高血压的理想食物。由于该种菇类市场较好，所以很多菇农都会进行反季节培育。

双孢菇的生长环境

双孢菇一般分布在亚洲或欧洲的温带地区，因此适宜菌丝生长的温度为 22 ~ 24℃，适宜子实体生长的温度为 4 ~ 23℃，最适宜的温度为 13 ~ 16℃。菌丝和子实体在生长过程中都不需要阳光，完全可以在黑暗的空间进行，如果光照过多，反而会影响双孢菇的颜色，最终影响品质。双孢菇的子实体在发育时，需要进行适度通风。同时它喜欢偏碱性的环境，所以可以适度调节培养原料和覆土的酸碱度。

双孢菇的生长大棚

按理来说，温度过低时，蘑菇会被冻伤，但是在数九寒天的山东某菌菇种植基地里，菇农却忙得热火朝天。这是为什么呢？原来，菇农为双孢菇打造了一个半地下式的大棚。这个大棚与普通大棚不同，为了能够实现反季节种植，保温这个因素就非常重要，半地下大棚的保温效果非常好，即便外面是冰天雪地，棚内的温度也能够保持在 14℃左右，这非常有利于双孢菇的生长。半地下大棚之所以拥有理想的保温效果，主要是因为半地下的模式可以减少和外界的温度交换，间接形成了一个保暖空间。

利用物品为大棚增温

平时我们所见到的普通大棚，都是在地上，地上的空气流通较强。经过空气交换，即便存留的一点点热度，都会消耗殆尽，那么如果想要在地上大棚中反季节种植双孢菇，就需要对其进行保温处理。可以在棚顶加盖稻草等避风物品，这样就可以减少空气交换，棚内就会暖和一些。或者降低棚内的地面高度，在棚内挖一个空间。这个空间不宜过浅，因为过浅达不到保温的效果；也不宜过深，过深会影响子实体的通风。

为什么草菇在生长中要避免强光？

草菇，又名麻菇、兰花菇、小包脚菇等，是光柄菇科小包脚菇属，原产地在我国广东。我国的草菇产量已经成为世界第一，可见我国的草菇资源非常丰富。草菇营养丰富，味道鲜美，是我国家庭经常烹饪的食材。

草菇的生长环境

草菇是耐高温性菌类，适宜生长的温度为 10 ~ 44℃，草菇对湿度有要求，培养原料的湿度需要保持在 70% 左右，而空气的湿度更要达到 90% ~ 95%。草菇在菌丝阶段不需要阳光，但是一旦进入子实体过程，就需要阳光的诱导。草菇所需的碳源、氮源一般都来自葡萄糖、蔗糖、果糖，而培养基的原料可以选择废棉、稻草等。适宜菌丝和子实体生长的酸碱度为 4.7 ~ 6.5。

控制草菇的光照

在正规的菇房中，光照、温度、湿度都已经控制得很好了，但是对于某些菌类，进入生殖成长阶段就需要增加额外的光照。不过有的人对菌种的了解还不多，误以为只要给足阳光，菌菇就一定能又好又快地生长。事实并非如此。对于草菇来说，过强的光照反而会影响其品质。

北京的一位菇农就是抱有“光照越多越好”的想法，在秋冬季节让草菇接受了充足的阳光，刚开始，这位菇农还觉得草菇长势喜人，可再过一段时间，他发现自己的草菇越长越黑，越长越小，最后颜色分明的草菇变成了一个黑球。其实最主要的原因就在光照这里。草菇对强光非常敏感，如果草菇经过强光照射，就会变黑。

改变草菇变黑的措施

我们找到了草菇变黑的原因，接下来就要从源头上控制这一现象的发生。为了减少光照，可以在原来的大玻璃窗上装上窗帘，或者盖上玻璃布，这样可以使较强的太阳光线转化成柔和的散射光。除此之外还可以改变开窗方式，将平开式改成转开式，这样就可以巧妙控制通风量。

不仅光照会改变草菇的颜色，温度也会改变草菇的颜色甚至品质。不少人都有过这样的经历：买回草菇之后没有立刻吃掉，放置几天后发现草菇变黑了。其实这是被氧化的正常表现，买回来的草菇应及时放进冰箱冷藏，不然就会变色、腐烂、变质。

草菇的“鬼伞”和“踩棉”之间有什么联系?

在种植草菇的实际操作过程中，一些菇农发现栽培的草菇周围长出了一些不知名的小蘑菇，这些小蘑菇形状细长，具有很强的侵占性，没过几天发现它们占领了草菇的菇床。其实在民间人们都称这种不知名的小蘑菇为“鬼伞”，特指它们占领性极强。

鬼伞的基本介绍

鬼伞是生物学中“科”的名称——鬼伞科。一般来说，它们幼时呈现白色，成熟后，颜色开始变深，呈现深褐色或黑色。菌柄边缘有条纹，孢子印是黑色的。鬼伞菌是一种真菌，类似于田里的杂草。它们与草菇相伴而生，几乎每一个草菇菇床都会碰到鬼伞。不过有的鬼伞只是抢夺草菇的营养，但是有的则会抑制草菇的生长，导致草菇大面积减产。就普遍情况看，只要对生产过程加以控制，鬼伞并不会对草菇的生长产生影响。但是如果任由其放肆生长，就会构成较大威胁。可以说鬼伞是草菇生长过程中最强劲的对手。

对培养料踩棉

草菇的培养原料当中包含棉籽皮、玉米芯等材料。菇农发现这些材料中包含鬼伞的孢子，但是又不确定具体的来源，所以他们就换成了废棉，废棉就是生产厂留下的废旧棉花，别看它是加工剩余的，但是却有较好的保温性和保湿性。农户使用废棉后，需要对其进行“踩棉”处理。意思就是调整棉花的酸碱度，废棉的碱性提高，就有利于抑制鬼伞的生长。在种植前，可以在废棉中加入一些石灰水，充分踩踏，混合均匀，保证草菇生长环境的碱性。

控制鬼伞的其他方法

鬼伞之所以可以迅速传播，主要是因为有适宜的生长环境。鬼伞喜欢温度高、湿度高的环境。养料中含氮量过高也会促进鬼伞的繁殖。因此，除了踩棉这一方法外，还有很多解决鬼伞的方法。首先要搞好菇房的卫生，定期对菇房进行消毒灭菌。其次，选择培养料时，一定要选择没有霉变的稻草、稻壳等。再次，一旦遇到鬼伞，就要立刻清理，防止孢子传播。最后，可以将草菇和双孢菇轮作，这样可以有效抑制鬼伞的生长。

野外种植蘑菇需要注意哪些细节?

目前的菌类，有的是从野外人工栽培获得的，有的是通过室内人工养殖获得的。在过去，人们都是从大自然直接获取野生蘑菇，随着对蘑菇的人工培养，人类通过大棚或者菇房温室来养殖。现在大家又将目光投向野外种植，这其中究竟有什么奥秘呢?

野外人工种植的原因

从业人员发现，在大自然中生长的蘑菇比在大棚中生长的蘑菇数量更多，质量更好。要想探究其中的原因，其实并不困难。在温室中种植的蘑菇，就和温室中的花朵一样，抵抗疾病或灾害的能力较差，受到温室大棚的制约，蘑菇的生长环境没有像在大自然中那么宽松，蘑菇之间密集程度大，通风透气性不好，感染到病虫害的概率也较大。但是在野外种植，蘑菇的通风透气效果会更好，对温度、湿度、光照的适应能力也有所提高，这样，即便是面对复杂的自然气候，蘑菇也可以抵御灾害，顽强地生活下来。因此对蘑菇来说，大自然才是最好的生存环境。

野外人工种植的关键技术

虽然野外人工种植的优势很多，也非常有利于菌种的优质生产，但是并不是所有菌种都适合在野外生存，因为它们都适应了温室大棚的生长环境，突然放到大自然中，对于它们来说就是一项艰巨的任务。所以要想进行野外人工种植，关键是要选择适合在野外生存的菌种，无论是进行克隆还是利用细胞工程技术，都要选择出最优质的品种。然后将这些菌种拿去野外进行种植，这样可以对菌种的适应力有明确的考察，便于挑选最好的菌种。

野外人工种植的细节

在野外种植蘑菇有很多讲究。很多细节都需要注意到，这样种出来的蘑菇才会品质优良。在种蘑菇时，不需要挖太深的坑，如果种得太深，蘑菇就不容易突破土层，容易影响蘑菇的品质。同时要注意排列，对于绿叶菜而言，农民在种植时要考虑疏密问题，对于蘑菇来说也是一样。种植时要放得紧凑一些，这样长出来的蘑菇会更粗壮。

为什么有的菌菇可以在冬天露地种植?

冬天在大棚内种植蘑菇是一件正常的事，如果在寒冷的露地上种植，那就变得有些奇怪了。但是在江西吉安的一个县城中，菇农竟把蘑菇种植在了冬天的露地上。这么寒冷的天气，难道蘑菇不会冻伤吗？其实菇农所种的品种叫大球盖菇，这种菌菇非常耐寒，即便是在冰天雪地，也能成活。

大球盖菇的形态特征

大球盖菇别名皱球盖菇、酒红色盖菇，在20世纪90年代首次被美国人发现，后来德国、日本等地也相继发现了野生的大球盖菇，到了现在各国均有栽培。大球盖菇可以单生，也可以丛生或群生，个头在中等到大型均有分布。子实体的菌盖从远处看，非常像一个酒红色的半球，菌盖表面略微有黏性，幼时为白色，成熟后为酒红色，其边缘朝内卷。菌肉为白色，肉质肥厚，菌褶在幼时呈现白色，成熟后为灰白色。菌柄呈圆柱形，近白色。

大球盖菇的生长环境

目前，大球盖菇主要分布在欧洲、亚洲、美洲等地。我国的大球盖菇一般分布在云南、四川等地。如果从这些地区寻找大球盖菇的生长规律，我们就会发现野生的大球盖菇生长在落叶林或针阔混交林中。在大球盖菇的生长过程中，温度是一个非常重要的因素。在菌丝生长阶段尽量将温度保持在24～28℃，温度过高或过低都会影响菌种的正常发育。菌丝的生长不需要阳光，如果能够将酸碱度控制在5～7的微酸性环境，大球盖菇就会生长得又快又好。

大球盖菇的生产价值

大球盖菇不仅具有极高的经济价值，而且具备很好的食用价值。尽管大球盖菇是近年来新兴的食用菌品种，但是它的发展潜力巨大，具有很好的前景。大球盖菇香味浓郁，富含蛋白质、维生素和人体所需的多种营养元素。这些微量元素是维持人体健康的必要元素，经常食用大球盖菇可以强身健体，促进机体活力。一般，新鲜的大球盖菇在去除泥土或其他污染物后都会运往销售点进行销售。除了直接销售之外，还可以利用脱水法进行干制，利用盐渍法制作成罐头等。

哪些因素可能影响菌菇露地种植的效果?

在前面，我们提到了冬天露地种植大球盖菇的情况，像大球盖菇就是“因地制宜”的典型代表。露地种植除了需要考虑用材选料的问题，还需要考虑其他因素。我们在下面会详细介绍。

针对露地种植的土壤问题

有经验的老农都知道，不管是大田还是林地，种植蘑菇一定要实行轮作。这是为什么呢？其实这跟土地的性质有关。如果第一年种植了蘑菇，那么土壤中就会产生病虫害，同时在第一批蘑菇生长的过程中会产生一些次生代谢物，这些代谢物对第二批蘑菇有抑制作用，会导致繁殖功能降低，最终影响第二批蘑菇品质。为了解决这个问题，一些专家给出了建议，那就是实行轮作，第一年如果种了蘑菇，那么第二年就种植除了蘑菇之外的作物，给这片土地缓冲和休息的时间，换另一块地去培育蘑菇。

针对露地种植的湿度问题

我们知道，林地种植的蘑菇比大棚种植的品质更优，这是毋庸置疑的事实。所以一些资金紧缺的菇农，会选择林地种植，而不是大棚种植。但是在实际操作中，却发现，要想为蘑菇的生长提供良好的环境，关键在于湿度的控制。湿度过低或者过高都会影响蘑菇的正常生长，所以露地种植受天气的影响比较大。一旦遇到寒冷的下雨天气，菌丝结冰的可能就会增大，菌丝向子实体转变的过程就会变得非常艰难。为了控制菌丝的湿度，菇农会用薄膜覆盖住菌菇，好让雨水顺利排出。

蘑菇地的“边际效应”

有的人会发现，露地种植的蘑菇只会出现在田垄的两侧，而中间的地方较少出菇。这就是蘑菇地的“边际效应”。其实这就是食用菌家族都喜欢“溜边长”，原因就是菌种喜欢透气性良好、湿度适宜的地方，垄边上土层较薄，透气效果好，因此菌种都是从边上生长出来的。为了避免这种现象出现，可以调整垄和畦的宽度，两者的宽度不能太大，太大就会抑制养料匀称地发挥作用，最终无法保证产量。综上所述，露地种植蘑菇需要考虑天气、土壤及蘑菇的习性，只有因地制宜，适应环境，才能培育出品质上乘的蘑菇。

为什么要在山洞种植猴头菇?

猴头菇，因其形状像金丝猴的猴头而被人们称为“猴头菇”。它是齿菌科猴头菇属，猴头菇口感鲜美，在我国被人们视为非常珍贵的佳肴。猴头菇富含蛋白质、纤维等营养元素，对于治疗胃溃疡、消化不良等症状也有很好的疗效。

在山洞中种植猴头菇的原因

适宜猴头菇菌丝生长的温度应该在 15 ~ 18℃之间，而子实体适宜的温度在 16 ~ 20℃之间。在自然条件下，猴头菇生长的季节在冬季，但是要想反季节培育猴头菇，就得考虑夏季哪里的温度适合其生长。最终菇农选择了冬暖夏凉的山洞。在山洞内养殖蘑菇，不仅可以节约成本，而且可以保证菌菇的正常生长。

山洞种植需要考虑湿度和通风

菌类的生长离不开空气湿度和温度。如果要在山洞中种植猴头菇，菇农一定要将第三种因素放进考察范围内，那就是通风。由于山洞的环境较为闭塞，通风就成了菇农头痛的问题。不过很多时候，菇农都对“通风”一词产生了误解，认为通风就是放进大风。其实并不是这样，猴头菇的生长需要通风透气，是指空气能够相互交换，缓缓流动。如果猴头菇被大风一直吹，很容易损坏毛刺。同时，猴头菇的生长需要90%的湿度，如果湿度过低就需要往山洞喷水，如果温度过高，就需要通风，去除洞内潮气。

山洞种植猴头菇的其他注意事项

要想种植出品质好、数量多的猴头菇，除了要注意山洞中的湿度、温度和空气流通程度外，还需要注意猴头菇菌袋的摆放方式。普通的菌袋摆放方式都是口袋方向朝上，一个挨着一个摆放，但是通过这样的摆放方式，出来的菌菇品质和形态总是不够好。菇农通过细致的观察发现，如果在原始树林中有一个猴头菇，那么在对面的一棵树上也会有一个猴头菇。菇农认为，猴头菇对称生长是因为孢子粉弹射导致的，所以在摆放菌袋时，可以让口袋对口摆放。经过大量的实验，人们发现，对口摆放生长出来的猴头菇色泽更好，品质更优。

为什么要采用再生法栽培金针菇?

在菌菇的众多栽培方式中，金针菇的栽培可以称得上是较为奇特的一个。它的菌柄根部可以生出很多侧枝，每一个侧枝都能发育成一个完整的子实体。按照通常情况，等到菌丝成熟，就可以采收了，但是菌菇从业人员通过大量的实验研发出一种新的栽培方法——再生法。利用这种方法可以让金针菇生长得又快又好。

再生法的操作方法

所谓“再生法”，就是指收获再生的金针菇。操作过程是指在金针菇的菌棒上长出菇芽后，要通过各种方法让第一茬菇芽死亡，再等待一段时间，让侧边生出来的菇芽成活，等到它们发育成为完整饱满的子实体，再进行收获。如果想让第一批菇芽死亡得更快，那么就需要培养针状菇，所谓针状菇就是指没有菌盖，只有菌柄的菇。研究表明，带了菌盖的菇类抵抗力更强,所以只要第一批培养出抵抗能力较差的针状菇，那么它们很快就会死亡。

使用再生法的原因

也许看到这里，很多人都会有疑问，为什么不让第一茬菇芽发育成熟，而是要残忍地摧残它们呢？这样不仅耗费时间，还有可能增加成本。其实使用再生法要比使用普通方法更有效。第一茬长出来的菇芽，只消耗了菌袋中五分之三的营养，如果第一批菌芽长大，也只能收获五分之三的产量。但是如果将第一茬菇芽毁坏，再次生长出来的菇蕾数量一定会高得多，每一个侧枝又会长出许多小的菇芽，因此，再生法可以提高产量，为菇农获得更多利润。

再生法使用时的注意事项

使用再生法，就需要将第一茬菇芽毁坏，听起来很容易，但实际操作起来，难度还是非常大的。毁坏菇芽，就是要破坏掉菇芽适宜的生长环境，那么可以从温度、湿度、空气等角度加以考虑。如果我们提高通风速度，菇芽的确很容易被吹死，可是第二茬菇芽可能也无法生长出来，原因就是通风度没有把握好，直接将根系吹死，金针菇自然无法生长。因此，使用再生法要适度。

为什么种植白灵菇需要合理的培养方式?

白灵菇，又名阿魏蘑菇、阿魏侧耳、翅鲍菇等，为侧耳科侧耳属。白灵菇通体洁白，形状像灵芝，因此被人们取名白灵菇。它的营养价值丰富，具有食药兼用的功效，是一种经济价值极高的珍稀食用菌。

白灵菇的生长环境

白灵菇是一种耐低温型的菌类，最适宜其生长的温度为 10 ~ 15℃，适宜它生长的湿度为 85% ~ 90%，湿度过高或过低都会影响菌种的正常发育。白灵菇的菌丝和子实体在生长过程中都需要新鲜的空气，它的氧需量超过了其他普通的菌种。白灵菇喜欢温和的空气流通，适宜的土壤酸碱度为 7.5 左右，呈微碱性。

白灵菇培养时的湿度要求

由于白灵菇的生长温度较低，因此秋季是生产菌种的好时节。培育白灵菇时，一定要注意培养料的使用。在配制时，一旦某个因素不符合标准，就会影响最终菌种的成活率。白灵菇的栽培原料包括棉籽皮、玉米芯等，养料的含水量是至关重要的一个因素。菇农一般会将配料捏成一团丢在地上，如果配料团散开，就证明这时候的含水量为 60% ~ 65%。

白灵菇培养时对菌袋的要求

除了把握好配料的含水量之外，白灵菇菌袋的松紧度也会影响其生长状况。菌袋松紧的效果不一，就会导致菌丝呈现不同的生长效果，比如，有的菌袋中已经长满了菌丝，有的菌袋却长得很少。造成这一现象的主要原因就是有的菌袋过于紧绷，透气性较差，束缚了菌丝的生长。有的是因为整体含水量不够匀称，底部多上部少等。

白灵菇对于其他细节的要求

种植白灵菇时，有一个非常重要的环节，叫烧菌。烧菌的意思就是指把老的菌块烧掉，使原基均匀分布，从而保证日后的产量和品质。在子实体发育的过程中，菇农还需要做一个名叫“疏蕾”的工作，就是保留形状最好的菇蕾，将其他不好的去除掉，这样可以保证最终生长出来的菌菇形状好、品质佳。

为何杏鲍菇两头接种？

杏鲍菇，又名雪茸、刺芹菇，为侧耳科侧耳属，在我国福建、湖南等地均有栽培。虽然杏鲍菇味道脆嫩鲜美，营养丰富，但是目前人工种植的数量稀少，因此价格也比较高。杏鲍菇收集后一般是鲜销，市场上的干制品较少。

杏鲍菇的生长环境

杏鲍菇一般在春夏季生长，适宜它生长的温度在 24℃左右，温度过高或过低都会抑制杏鲍菇的生长。湿度是杏鲍菇生长的关键因素，在菌丝生长阶段，湿度要稍微低一些，在子实体的发育过程中，湿度要增加。大部分情况下，杏鲍菇是在菌种袋中生长出来的，只要菌种袋的湿度和温度适宜，那么菌丝就一定会健康发育为子实体。

杏鲍菇两头出菇的原因

在传统的养殖方式中，杏鲍菇都是一头出菌，因为菌袋只有一个口袋，但是长出第一批之后就会扔掉菌棒，即便还有剩余的养料却无法生成新的杏鲍菇。白白扔掉剩余的养料非常可惜，那么如何才能充分利用养料呢？菇农想出了一个好方法，那就是等一端的菌丝长满，再打开另一端，这样底部的养料就可以得到充分的利用，不会造成浪费。

杏鲍菇两头出菇的改良

上述的方法虽然充分利用了养料，但是等待时间较长，这样就不利于抢占市场先机。那么有什么好方法可以让两头同时发菌呢？菇农用海绵塞堵住两端口，打开两个进气口，目的是使菌丝的生长环境中有流通的空气。这样，菌丝的生长方向就从由内向外变成了从两端到中间，两端的养料都可以被充分利用。通过这样的方法，发菌的时间有所减少，产量也可以大大提高。在两端发菌的过程中，菇农还需要处理一个小的环节——挠菌。其实就是在菌丝快要布满菌袋、两端还有缝隙时，适度对菌丝进行轻微破坏，这样做的目的就是让菌丝在恢复过程中能够快速从营养生长转变为生殖生长。之后两头的菌丝接通，就可以实现同步出菇了。

为什么要对食用菌袋进行灭菌和接菌？

无论是什么品种，菌菇在人工养殖中都需要借助菌袋。菌袋质量的好坏直接决定着菌种是否能够健康成长。因此，菌袋品质的把控就成了栽培过程的关键环节。对于菌袋的品质而言，灭菌和接菌是至关重要的。

菌种培养基质的灭菌

对于食用菌的消毒，目前有三种方式——物理消毒法、化学消毒法和生物消毒法。物理消毒法有三种：热力、辐射和过滤。化学消毒法则是利用化学药品对物品进行灭菌。对于菇农来说，应针对不同的培养基质采用不同的消毒方法。

对于固体培养基质，应采取高压蒸汽灭菌；对于液化培养基可以采用过滤除菌。在菌种培养基质装袋时，尽量将时间维持在 4 个小时内，在灭菌时，高压锅的灭菌温度必须超过 120℃，最低灭菌时间不能低于 2 小时，利用这样的方法，才能使细菌全部消灭，如果这个灭菌的过程出现纰漏，那么菌种的生长就会受到细菌的影响，最终影响菌菇的品质。

食用菌培养基质的接菌

和灭菌的本质相同，接菌是指在培养基灭菌后，在无菌条件下对培养基质接种含菌材料的过程。由于空气中含有尘土或者少量细菌，而接种需要打开接种袋，这样菌种就一定会接触到细菌，因此在接菌时动作要快，间隔的时间越长，污染的概率就会越大。在接菌时，一定要对操作工具、操作人员进行细致的消毒。可以选择空气流动较小的地方，这样可以有效减少灰尘、细菌进入菌袋的可能。可以说，接菌是一个需要非常小心的工作，对操作人员的基本功提出了很大的要求，只有确保前期的准备工作无误，动作精细准确、速度快，菌种的质量才有保证。

食用菌培养基质的注意事项

有的菇农在操作过程即使注意到了灭菌的时间、温度、接种的要求，但是仍会忽略很多问题。比如说灭菌结束时，未等到高压锅压力降为零，就将菌袋取出，或者没有等到温度降至常温。如果菌袋因压力问题膨胀，很多杂菌的孢子就会趁机进入菌袋，最终导致菌种被木菌污染。如果发现问题菌袋，一定要将其挑出，否则孢子会污染到其他良好的菌袋。无论是什么菌种，接种人员一定要将自己、所处的环境和使用器具消毒，这样才能保障最终的质量。

开发潜力巨大的羊肚菌应如何栽培?

羊肚菌，别名蜂蘑、狼肚菜、阳雀菌等。因其形态像羊肚，故有此称。在世界范围内，已知的品种有28种之多，目前我国有18个品种。羊肚菌是世界范围内知名的食用菌种，它的口感鲜脆可口，具有抗癌功效，因此受到了广大消费者的喜爱。

羊肚菌的形态特征

羊肚菌的品种有所不同，因此在形态特征上也有所差异。最具代表的羊肚菌个头为小或中等。菌盖呈现不规则的长圆形，颜色为深黄褐色，表面有许多不规则纹路，形成一个个似羊肚一样的小坑。不过羊肚菌菌盖的顶部为尖长形。羊肚菌的菌柄为乳白色，长5～7厘米，表面有浅色的纹路，基部较为粗大。羊肚菌品种多样，除了提到的尖顶羊肚菌，还有粗腿羊肚菌、小羊肚菌等。

羊肚菌的生长环境

一般来说，野生的羊肚菌都位于针叶阔叶混交林所处的丘陵地带，生长时间为春末或夏初，单生或群生，当然，有的还会生长在果园、草地、田边等阴凉潮湿的地方。如果某片土地曾被水浸泡或大量冲刷，那么就极有可能生长出羊肚菌来。因此，羊肚菌是一种喜冷凉型的食用菌。

在生长过程中，羊肚菌需要葡萄糖、麦芽糖、硝酸铵等物质，因此如果要人工养殖，一定要准备好这些营养元素。最适宜羊肚菌生长的温度为18～22℃，且需要湿润的土质，当空气湿度保持在80～90℃时，最适宜其生长。由于羊肚菌是喜冷凉型的菌种，所以它对于光照这一条件并没有较严格的要求，相反，羊肚菌的生长不需要充足的阳光，而是需要阴暗的环境，所以阳光直射时间较长的地方并不适宜羊肚菌生长。

羊肚菌的培育管理

羊肚菌的人工栽培是以塑料袋为主要载体的，可以在塑料袋内加入玉米芯、棉籽壳、木屑等作为栽培袋。接下来，就要进行高温灭菌的工序。一般将时间控制在1.5～2个小时，当然，具体的时间要根据培养料的性质来定。中间的过程不需要任何人工干预，待其自然冷却。

然后需要接种，方法按常规配置去进行，等到菌丝长满袋子，就可移植到菇棚。进入菇棚后，一定要注意温度，可将温度调控为15～18℃，菇棚保持卫生的环境，还要时常通风换气，做避光处理。7～10天左右，羊肚菌就会成熟，这时就可以采收了。

“假松茸”玉蕈的科学养殖法究竟为何?

玉蕈，别名真姬菇、斑玉蕈，为白蘑科玉蕈类。由于它味道鲜美、口感嫩滑，目前可开发的市场非常广大。近年来，玉蕈在日本已经受到了普遍欢迎，日本的民众将它和松茸相提并论，并称它为“蟹味菇”“海鲜菇”。

玉蕈的形态特征

玉蕈是丛生的菌种，在幼时，菇盖的形状为半球形，呈黑褐色，表面为明显的斑纹，菌柄尾端有明显的膨大。成熟后，菇盖的中心下凹，而边缘向上翘，颜色为黄褐色或灰褐色，中央颜色较深，而边缘颜色渐渐变浅。菌肉为白色，肉质硬而脆，较为紧实。菌柄为圆柱形，呈白色或灰白色。

玉蕈的生长环境

如果是野生环境，玉蕈一般在枯木或还在生长着的树木上完成繁殖；而在人工养殖的环境下，利用棉籽壳、阔叶树木木屑和秸秆粉碎物组成的培养基质会使菌丝健康成长。

玉蕈喜欢较为潮湿的环境，培养基质中水分的多与少会直接影响菌丝的发育生长。在子实体分化的过程中，要保证生长环境的湿度为85% ~ 95%，所以从培养基质开始到菌蕾期、出菇期，都需要极其注意玉蕈的生长环境的湿度。

玉蕈是低温结实性真菌，菌丝适宜的温度较高，在30℃左右，而子实体适宜的温度在25℃左右。对于玉蕈或是其他菌种而言，温度过高或过低不仅会影响生长发育，还会影响实际的营养成分——温度过高会造成菌柄徒长，温度过低会导致菌盖畸形。所以维持一个适宜的温度对于培养良种玉蕈来说至关重要。

玉蕈的培育管理

和羊肚菌相同，一般采用袋装法进行繁殖，适宜生产的时间在秋季。先将木屑、棉籽壳等培养料按比例搭配好装袋，每袋的重量保持在400克左右，高压灭菌3 ~ 4小时。待冷却至25℃左右时，按照无菌操作的方法接种即可。

玉蕈为好氧性真菌，在生长过程中需要大量氧气。如果培养基内温度过高，就会导致菌丝缺氧，生长速度降低，最后停止生长。所以在培养菌丝体时，不能将容器完全密封，稍留一些空隙用来通风换气。

最后，玉蕈的菌丝在生长期不需要太多光照，但是在子实体发育时需要一定的阳光，所以光照这一因素也需要充分考虑。

和白蚁巢相伴的鸡枞菌如何养殖？

鸡枞菌，又名伞把菇、豆鸡菇、鸡肉菌等，为白蘑科白蚁菌属。早在李时珍的《本草纲目》中，就有鸡枞菌的身影——谓之鸡枞，言其味似鸡也。鸡枞菌与别的菌种不同的是，它跟白蚁相伴而生，只有白蚁巢出现的地方才可能有鸡枞菌，因此，云南也就成了鸡枞菌的重要产地。

鸡枞菌的形态特征

鸡枞菌的子实体为中等或大型，为单生。在幼时，菌盖的形状为圆锥形或者钟形，顶端为斗笠形，颜色为灰褐色或者黄褐色。菌盖边缘呈现波纹状，成熟后会翻起，有时会开裂。菌褶为白色，偶尔带有黄色。菌肉为白色，较为厚实。菌柄粗壮，为白色或和菌盖为同一色。基部较为膨大，具有弯曲的褐色假根。

鸡枞菌的生长环境

鸡枞菌一般生长在针平阔叶林中，主要原因就是这样的林地拥有利于鸡枞菌生长的营养物质。由于需要和白蚁巢相伴而生，因此适宜鸡枞菌生长的温度应该为25 ~ 28℃。而它生长需要的湿度也有一定考究，如果湿度过低，就会阻碍菌丝正常生长，而湿度过高，菌柄就会出现中空、干瘪，菌盖就会破裂，严重影响鸡枞菇的品质，最适宜鸡枞菌生长的湿度在80%左右。

除了温度和湿度外，光照、空气也是必不可少的考虑因素。在菌丝生长发育的过程中，二氧化碳的浓度不可过高，否则会影响正常的发育，但是菌丝对于阳光并没有太多要求，即使在黑暗的环境中，它也可以快速生长。

鸡枞菌的培育管理

根据鸡枞菌独特的特性，一般可以将培育菌丝安排在春季或秋季。人工栽培，鸡枞菌的场地可选择在室内的床架式空间或者果园的畦地中。如果是室内栽培，一定要根据鸡枞菌适宜生长的环境来进行调整，比如是否通风、湿度温度是否适宜、排灌是否方便等。

鸡枞菌的培养原料可以采用棉籽壳、木屑、玉米秆等材料，拌匀后装入塑料袋中，在适宜的温度下让菌丝生长。等待一个半月，菌丝就会长满菌袋。当出现钉状原基时，就可移植至栽培场地。

在培育过程中还要防范病虫灾害，可用百虫灵或杀虫粉消除害虫。等到菌盖长至 4 厘米、菌柄长至 2 ~ 3 厘米时，就可采收。新鲜的鸡枞菇含有大量的营养成分，药用价值极高，具有健脾胃、治疗食欲不振的功效。

牛肝菌对于栽培环境有怎样的要求？

牛肝菌，又名大脚菇（或美味牛肝菌）、粗腿菇、大脚杏菇，为牛肝菌科牛肝菌属。它分布在世界各地，尤以中国、俄罗斯、法国等地品种多、数量大。近年来，法国、德国等美食中都少不了牛肝菌的身影。它口感鲜嫩肥厚，是人们餐桌上的美味佳肴。

牛肝菌的形态特征

牛肝菌因不同的品种有不同的形态特征，这里介绍常见的牛肝菌——大脚菇。大脚菇又名美味牛肝菌，成熟时菌盖为半球形，直径为 4 ~ 15 厘米，颜色为黄褐色、肉桂色或者茶褐色。表面无花纹或纹路，较为光滑。边缘有内扣。菌柄一般为 5 ~ 12 厘米，形状为圆柱形，表面有粗糙的网状纹路，基部膨大，粗壮厚实。除了大脚菇，还有铜色牛肝菌、黏盖牛肝菌、紫褐牛肝菌、褐庞柄牛肝菌等。

牛肝菌的生长环境

牛肝菌一般生长在温暖地区的林地，那里植被茂盛，空气湿度大，日照时间适中，土壤腐殖层较为适宜。牛肝菌典型的生长地点为云南、四川、贵州等地。那里不仅有针阔混交林，还有较为贫瘠的酸性红土。对于野生培育的牛肝菌来说，它的营养主要来自植被的腐殖层。一般，充足的葡萄糖、果胶谷氨酰胺等物质都是非常好的营养元素。

牛肝菌菌丝的生长温度一般为 18 ~ 30℃，湿度在 60% 左右为宜；子实体适宜的生长温度为 24 ~ 28℃，湿度在 80% ~ 90% 为宜。在菌丝阶段，不需要光照，但是在子实体生长的过程中，需要一定的散射光。

牛肝菌的培育管理

牛肝菌的培养基质配方有很多种，材料有木屑、石膏粉、棉籽壳、麦麸等，将它们充分搅拌均匀后，装入塑料袋进行灭菌处理，这一过程一定要快速完成，因为搅拌使很多物质都发生了酸变，如此一来就会导致菌袋的成品率不高。灭菌后，冷却到常温标准，待菌袋长满菌丝，便可进行接下来的栽培。

牛肝菌在原种栽培时要求无菌操作，一定要用酒精消毒，紫外线照射灭菌。对于操作人员来说，也需要更换工作服、佩戴消毒后的清洁手套等。

牛舌菌需要什么样的培育方法？

牛舌菌，又名牛排菌、肝色牛排菌、猪舌菌等，为牛舌科牛舌菌属，是一种非常珍贵的菌种。牛舌菌因外观像牛舌，颜色又是鲜艳的红色而得名。牛舌菌是一种生长在亚热带或者寒温带的菌种，目前，在中国、日本、印度等国均有分布。在我国云南、四川浙江等地均有培育。

牛舌菌的形态特征

牛舌菌的子实体为单生，很少有群生的情况出现。菌盖的形状为半圆形或者舌形，颜色为鲜红色，不过，牛舌菌老时菌盖则变成暗褐色，直径为 5 ~ 10 厘米。菌盖整体较为松软，有韧劲，表面有深红色的条纹。菌肉厚度为 1 ~ 3 厘米，颜色为浅红色，柔软多汁。一般牛舌菌会从树干中长出来，因此菌柄明显，长 2 ~ 3 厘米。

牛舌菌的生长形态

野生的牛舌菌一般生长在阴暗潮湿的环境中，在温度较高、湿度较大时，才有可能孕育牛舌菌。

牛舌菌一般生长在壳斗科的树上，所以如果人工栽培，就需要选取一些壳斗科树木的木屑作为培养材料。生长过程中对碳源氮源的需求较大。

牛舌菌的菌丝最适宜生长的温度为 25 ~ 27℃，而子实体最适宜生长的温度为 20 ~ 23℃。牛舌菌的实体分化并不需要低温或高温的刺激，因此只要保证合适的温度，就可以使得牛舌菌健康生长。

牛舌菌的培育管理

牛舌菌的栽培可通过母种制作、原种和栽培种制作三种方法实现。这里我们介绍原种和栽培种制作。常用的培养材料有壳斗科木屑、麦麸、蔗糖、石膏等。搅拌均匀后放进广口瓶或者菌种袋中，高压灭菌 2.5 ~ 3 小时后，待其自然冷却，按照无菌操作的方法接进母种。

在栽培的过程中，要注意温度、湿度等条件，另外，牛舌菌跟别的菌种一样，也需要流通的空气，如果通风不良，就会导致二氧化碳浓度过大，子实体变得畸形。

当子实体的菌盖开始平展时就可以大量采收了。采收后的牛舌菌可就地销售鲜产品，也可运往外地销售干制品。牛舌菌富含氨基酸，具有很高的食用价值。

营养丰富的鸡油菌该如何养殖？

鸡油菌，别名黄丝菌、杏菌、黄伞菌，为喇叭菌科鸡油菌属。鸡油菌的口感细腻，香味浓郁，是非常可口的菌种。它的营养成分极高，含有丰富的蛋白质、氨基酸、胡萝卜素等。现代医学表明，鸡油菌中的 204 鸡油素可在人体内转化为降低致癌风险的物质，可以入药，开发前景巨大。

鸡油菌的形态特征

鸡油菌是丛生或群生，也有单生的情况。菌盖在幼时为扁平状，边缘向内卷，成熟后慢慢展开，中央开始下凹，呈现漏斗状，菌盖的直径为 3 ~ 9 厘米，摸上去很光滑，边缘有锯齿状的轮廓。菌褶呈棱形，相互排列，疏松式排列。菌肉的整体颜色为白色或淡黄色。菌柄呈肥肠状，有些许分枝。

鸡油菌的生长环境

鸡油菌的菌丝可以耐低温，但是最适宜其生长的温度应该保持在 25 ~ 28℃，而子实体的适宜温度较高一些，为 28 ~ 31℃。鸡油菌喜欢阴凉的环境，对湿度的要求较高，菌丝生长时，湿度应保持在 65% ~ 70%，子实体的生长湿度要维持在 85%，甚至要到 95%。

在子实体生长时，要有一定的散射光，并做到适度通风，否则会影响菌菇的生长发育，滋生细菌。鸡油菌的生长环境基本为野生状态，常与云杉、冷杉等植物相伴，人工栽培时，可以选择一些杂木屑、腐殖土壤、油菜秆等作为营养元素。

鸡油菌的培育管理

通常情况下，鸡油菌可采用瓶栽法和箱栽法进行培育。瓶栽法是利用广口瓶进行的栽培方法。准备好鸡油菌适宜的栽培原料配方，比如杂木屑、米糠、蔗糖、腐殖土等，加水混合均匀后，分装至广口瓶或罐头瓶中，塞上棉签，再用塑料膜或旧报纸封口，高压灭菌 1.5 小时，待自然冷却。然后采用无菌操作法将菌丝移植到接种箱，保持适宜的生长环境。等到九成熟时即可采收。

箱栽法最开始的步骤与瓶栽相同，等到菌丝长满瓶子后，将其移植到箱子中。先铺一层腐殖土和发菌料，再加入菌丝，让其在箱子中生长，然后等待 10 天左右，再往箱子中喷洒雾化水，待出现菌斑后喷洒营养液，随后再覆土，等到九成熟即可采收。

口感如猪肚的猪肚菌究竟如何培育?

猪肚菌，别名大杯伞、大漏斗菌、大斗菇等，为多孔菌科革耳属。猪肚菌因口感爽脆，有猪肚般独特的风味故得此名。猪肚菌主要分布在热带或亚热带地区，在我国的广东、云南、海南等地均有分布。在我国北方地区，猪肚菌是一种珍稀的野生食用菌。猪肚菌的生长条件较为粗放，夏季出菇，可调节市场供应，具有广阔的市场前景。

猪肚菌的形态特征

猪肚菌的菌丝为白色，形状为丝状，呈放射状生长发育，速度较快。当培养基表面生长出有质感的粉色菌丝时，意味着不久就会生长出子实体。这些菌丝的直径为 5 ~ 8 微米。分枝较多，壁较厚。

猪肚菌的子实体有中等体型也有较大个头的。在幼时，菌盖呈扁半球形，边缘翘起，中央下凹，呈现一个漏斗状或者碗状，直径为 4 ~

23厘米，颜色为暗褐色或者淡黄色，边缘表面有槽状条纹。菌褶为白色或淡黄色。菌柄呈倒圆锥形，长为4～18厘米。

猪肚菌的生长环境

野生的猪肚菌到了夏季就已经成熟，它们有单生，也有丛生，大多出现在林地或者腐枝落叶层。猪肚菌生长在土层的深处，生长环境中有其需要的营养元素，因此在光、空气、水的作用下，生长得很快。

猪肚菌在培育时需要注意温度这一因素。菌丝的生长温度在26～28℃最为适宜，而子实体适宜生长的温度为23～32℃，在菌丝发育成熟要改变环境继续变成子实体时，一定要控制温度的转变。

猪肚菌的菌丝所要求的基质含水量为60%～65%，而子实体需要的湿度为80%～90%，原因就在于当原基分化后，呼吸作用和蒸腾作用都在加强，对水分的要求也越来越高，因此在湿度方面会有更高的要求。

猪肚菌的培育管理

一般来说，猪肚菌迅速成长的时间为6～9月，那么菌袋接种的时间尽量在春季就开始，在5月左右种植，9月就可以出菇。猪肚菌的栽培原料可以选用杂木屑、棉籽壳、蔗糖等。按照一定比例混合好后，将原料装入塑料袋中，高压灭菌后直到自然冷却至常温，在保证湿度、温度、光照、空气流通等适宜的情况下，40～50天就可采收。

猪肚菌营养丰富，富含人体所需的氨基酸和矿物元素，因此具有极高的营养价值和经济价值。

虎奶菇在栽培方法上有何特殊之处？

虎奶菇，别名核耳菇、茯苓侧耳、菌核侧耳等，为侧耳科侧耳属。虎奶菇分布于非洲、澳大利亚、中国等地区，在我国，云南、海南等地均有野生品种，但目前我国还尚未形成虎奶菇的商业链条。虎奶菇营养丰富，可以治疗感冒、发热、水肿等症状，是一种食药兼用的珍稀菌种。

虎奶菇的形态特征

虎奶菇有单生也有丛生，子实体的菌盖在幼时呈现灰褐色或深褐色，表面光滑，呈漏斗状，边缘翘起，中央下凹。成熟后菌盖颜色变成浅褐色，但表面有一些散生的鳞片，越接近中央，颜色越浅。菌褶较密集，颜色为乳白色或者浅黄色。菌柄为圆柱形，表面有和菌盖一样的鳞片。

虎奶菇的生长环境

虎奶菇在亚热带季风性湿润气候中生长得最高，一般此类地区光照充足，四季分明，雨水充沛。虎奶菇是典型的木腐菌，因此，它的生长环境中需要有充足的碳源、氮源、无机盐等营养成分。

由于虎奶菇生长在亚热带，因此它适宜的生长温度要比普通菌菇的要高。一般要将温度控制在 35℃左右，才能让菌丝更好地生长，而到了子实体发育的阶段，一般要将温度控制在 28 ~ 33℃之间。如果在子实体分化过程中温差过大，就会造成其畸形，严重时可能会死亡。

菌丝的湿度保持在 60% ~ 70% 之间最好，子实体生长过程所需要的温度为 20 ~ 35℃。菌丝可以在黑暗的环境里生长，但是到了子实体阶段，就需要加强散光的照射，这样才有利于子实体更好的生长。

虎奶菇的培育管理

虎奶菇的栽培方式有两种：一种为袋栽法，另一种为短段木窖法。袋栽法是利用木屑等栽培材料为原料，与别的菇类所用的袋栽法步骤相似，而短断木窖法则是利用适宜虎奶菇生长的阔叶树木段为原料的栽培方式。

一般来说，在制作培养基时，要注意湿度、温度、酸碱度等的合理性，灭菌后进行无菌接种操作，这一阶段同样要注意湿度、温度、遮光操作、清洁操作等。如果虎奶菇为野外栽培，那么就一定要注意白蚁的防治，可采用化学防治方法。